Dennis Sanftleben

Neukonstruktion eines Notsignalschalters

AF154057

Dennis Sanftleben

Neukonstruktion eines Notsignalschalters

Methodisches Konstruieren an einem Beispiel

Reihe Realwissenschaften

Impressum / Imprint

Bibliografische Information der Deutschen Nationalbibliothek: Die Deutsche Nationalbibliothek verzeichnet diese Publikation in der Deutschen Nationalbibliografie; detaillierte bibliografische Daten sind im Internet über http://dnb.d-nb.de abrufbar.
Alle in diesem Buch genannten Marken und Produktnamen unterliegen warenzeichen-, marken- oder patentrechtlichem Schutz bzw. sind Warenzeichen oder eingetragene Warenzeichen der jeweiligen Inhaber. Die Wiedergabe von Marken, Produktnamen, Gebrauchsnamen, Handelsnamen, Warenbezeichnungen u.s.w. in diesem Werk berechtigt auch ohne besondere Kennzeichnung nicht zu der Annahme, dass solche Namen im Sinne der Warenzeichen- und Markenschutzgesetzgebung als frei zu betrachten wären und daher von jedermann benutzt werden dürften.

Bibliographic information published by the Deutsche Nationalbibliothek: The Deutsche Nationalbibliothek lists this publication in the Deutsche Nationalbibliografie; detailed bibliographic data are available in the Internet at http://dnb.d-nb.de.
Any brand names and product names mentioned in this book are subject to trademark, brand or patent protection and are trademarks or registered trademarks of their respective holders. The use of brand names, product names, common names, trade names, product descriptions etc. even without a particular marking in this works is in no way to be construed to mean that such names may be regarded as unrestricted in respect of trademark and brand protection legislation and could thus be used by anyone.

Coverbild / Cover image: www.ingimage.com

Verlag / Publisher:
AV Akademikerverlag
ist ein Imprint der / is a trademark of
OmniScriptum GmbH & Co. KG
Heinrich-Böcking-Str. 6-8, 66121 Saarbrücken, Deutschland / Germany
Email: info@akademikerverlag.de

Herstellung: siehe letzte Seite /
Printed at: see last page
ISBN: 978-3-639-48991-0

Inhalt

Abkürzungs- und Formelverzeichnis

Zeichen	Beschreibung	Einheit
NSS	Notsignalschalter	
R	Federrate	$\frac{N}{mm}$
L_0	Länge der unbelasteten Feder	mm
L_R	Länge der Feder In Ruhestellung	mm
L_b	Länge der Feder bei Betätigung	mm
$x_{1/2}$	Federweg	mm
m_B	Masse des Rastbolzens	kg
E_{pot}	potentielle Energie	J
E_{kin}	kinetische Energie	J
v	Geschwindigkeit	$\frac{m}{s}$
xB	Rechtwinkelige Abstand zur Drehachse	mm
yB	Rechtwinkelige Abstand zur Drehachse	mm
r	Radius	mm
xA	Koordinate des Punktes A	
xB	Koordinate des Punktes B	
yA	Koordinate des Punktes A	
yB	Koordinate des Punktes B	
P	Drehpol	
F_F	Federkraft	N

Fx	Komponente der Federkraft in x-Richtung	N
Fy	Komponente der Federkraft in y-Richtung	N
α	Winkel	°
M	Drehmoment	Nm
St	Senktiefe	mm
y	Differenz zwischen Senkungstiefe und Kugelradius	mm
I	Abstand zur Drehachse	mm
R	Kugelradius	mm
L1	Federlänge in Ruhelage	mm
L2	Federlänge bei Betätigung	mm
Dh	Hülsendurchmesser	mm
β	Winkel	°
F_M	Durch Drehmoment verursachte Angriffskraft	N
F_{MN}	Normalkraft	N
F_{MV}	Vertikale Komponente von F_M	N
$-F_M$	Gegenkraft zu F_M	N
F_R	Resultierende aus $-F_M$ und F_F	N
sn	Maximaler Federweg bei statischer Belastung	mm
s	Federweg	mm
U_V	Versorgungsspannug	V
U_B	Betriebsspannung	V
I_B	Betriebsstrom	A
R	Elektrischer Widerstand	Ω

P	Elektrische Leistung	W
L	Länge des Halbzeuges	mm
B	Breite des Halbzeuges	mm
F_1	Fläche des Halbzeuges ohne Spannrand	mm^2
F_2	Oberfläche des Thermoformteils	mm^2
A_M	Mantelfläche	mm^2
s_1	Dicke des Halbzeuges	mm
s_2	Wanddicke des fertigen Teils	mm

Abbildungsverzeichnis

Tabellenverzeichnis

Diagrammverzeichnis

1 Einleitung

1.1 Grundsätzliche Vorgehensweise

Das grundlegende Vorgehen bei der Neukonstruktion richtete sich nach der VDI Richtlinie 2221. Es gibt Literatur, die neben der allgemeinen Konstruktionsmethodik, eben diese Richtlinie umfassend ausführt. Hervorzuheben ist hier bspw. „Konstruktionslehre" von Pahl Beitz oder in zusammengefasster Form „Maschinenelemente" von Roloff Matek.

Der Konstruktionsprozess lässt sich in vier grundlegende Phasen unterteilen:

1. **Aufgabe klären**
   - Auftragserteilung
   - Formulierung der Aufgabenstellung durch den Kunden
   - Konkretisierung durch Mängelanalyse des zu ersetzenden Produktes unter Einbeziehung der Kundenanforderungen

2. **Konzipieren**
   - Aufgliedern der Gesamtfunktion in Teilfunktionen
   - Suche nach Wirkprinzipien
   - Bewertung nach technischen und wirtschaftlichen Gesichtspunkten
   - Kombination von Wirkprinzipien
   - Erstellen von Konzeptvarianten

3. **Entwerfen**
   - Erstellen maßstäblicher Entwürfe
   - Bewertung nach technischen und wirtschaftlichen Gesichtspunkten
   - Optimierung der Entwürfe
   - Festlegen des bereinigten Entwurfes

4. **Ausarbeiten**

- Optimieren der Einzelteile
- Berechnen von Maschinenelementen
- Erstellen der technischen Unterlagen
- Herstellen und überprüfen des Prototyps

2 Mängelanalyse

2.1 Erläuterungen zum Notsignalschalter

Der Notsignalschalter (NSS) ist ein Gerät zur Unfallvermeidung in Bahnhofsanlagen. Er ist gut sichtbar und in mehrfacher Ausführung in Bahnhöfen angebracht. Bei einer Betätigung rastet dieser in der gezogenen Stellung ein und bewirkt das Aufleuchten einer Signallampe und der Unterbrechung des Meldestromkreises. Das Stellwerk veranlasst daraufhin ein Haltstellen der Nothaltsignale im Ein- und Ausfahrbereich. Diese zeigen dem Fahrer an, dass der Zug auf kürzestem Weg angehalten werden muss.

Dies kann erforderlich sein, z.B. wenn sich Personen auf dem Gleis befinden oder bei anderen Gefahrensituationen im Bahnsteigbereich.

In einer solchen Situation kann jede beliebige Person den Schalter vom Bahnsteig auslösen. Die Rückstellung erfolgt, nach Beseitigung der Gefahr, von einer befugten Person mittels eines 8 mm Vierkantschlüssels.

Der bei der den Berliner Verkehrsbetrieben (BVG) verwendete NSS ist ca. 65 Jahre alt.

Es gibt drei verwendete Bauformen des NSS, Typ A, Typ B und Typ C. Sie unterscheiden sich nur geringfügig in der Elektrik, ohne Einflussnahme auf die Gesamtkonstruktion. Sie entsprechen in vielerlei Hinsicht nicht mehr dem Stand der Technik und aus diesem Grund wurde die Neukonstruktion beauftragt. Dabei wird Wert auf die Verwendung von Industriestandartkomponenten gelegt und Vorgaben berücksichtigt, die vom NSS Typ BVG nicht erfüllt werden.

2.2 Analyse

Im Folgenden werden die konstruktiven Mängel der bei der BVG verwendeten NSS (Abbildung 1) aufgezeigt. Dabei wurden exemplarisch Einzelteile und Baugruppen ausgewählt, an denen das Verbesserungspotential, bezüglich der oben genannten Gesichtspunkte, deutlich wird. Das Herausarbeiten der Mängel geschah durch das Studium der zur Verfügung stehenden Unterlagen und durch Gespräche mit Herrn Bork, Konstrukteur der Präzima GmbH, welcher für den Nachbau zuständig war. Die Betrachtung der Zukaufteile wird außer Acht gelassen, da keine der verbauten Teile des Originals in der Neukonstruktion zum Einsatz kommen (ausgenommen sind gängige Normteile wie z.B. Schrauben oder Stifte).

An dieser Stelle sei erwähnt, dass auf die Darstellung der Originalen Zeichnungen und zugehöriger Unterlagen aus rechtlichen Gründen verzichtet werden musste.

2.2.1 Gesamtkonstruktion

Der NSS besteht aus insgesamt bis zu 41 Positionen, je nachdem ob es sich um Typ A, B oder C handelt. Allen gemeinsam ist, dass sie aus zehn zu fertigenden Hauptbauteilen bestehen, der Rest sind Kauf- bzw. Normteile. Wenn man alle Unterbaugruppen auflöst, ergibt sich eine Gesamtsumme von 30 zu fertigenden Komponenten.

Abbildung 1: Notsignalschalter

2.2.2 Gehäuse

Das Gehäuse besteht aus zwei aus Stahlblech gefertigten Teilen, der Rückwand und der Abdeckkappe. Auf der Rückwand (Pos. 1) sind zwei Befestigungswinkel (Pos. 2) aufgeschweißt (Abbildung 2). In der Abdeckkappe sind an der Innenseite abgewinkelte Bleche (Pos. 3, 4 und 5) zur Aufnahme einer Dichtung angebracht (Abbildung 3). Des Weiteren wurden nachträglich zwei Blechstreifen zur Verstärkung unterhalb der Lampenkappe eingebracht, damit der Bereich sich nicht durch die Verschraubung auftretende Kraft verformt und somit undicht wird (Abbildung 4). An dieser Stelle sei erwähnt, dass die verwendete Lampenkappe durch ihre Bauform eine undichte Stelle aufweist (Abbildung 5). Weitere Elemente in der Abdeckkappe sind ein eingelötetes Rohr (Pos. 6) (Abbildung 3), eine durch Nieten befestigte Klappe und ein durch punktschweißen angebrachter Plombenwinkel (Pos. 7) aus Blech (Abbildung 6).

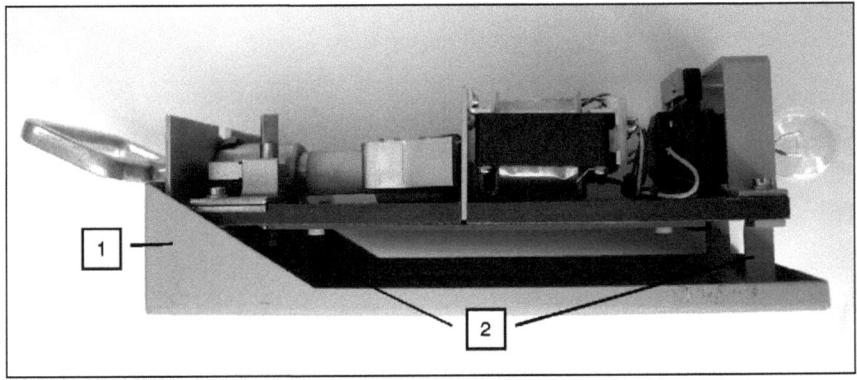

Abbildung 2: Abgedeckter Notsignalschalter

2 Mängelanalyse

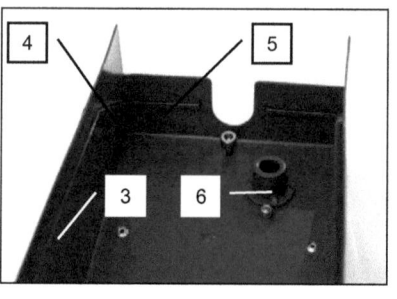

Abbildung 3: Dichtung und Rohr in der Abdeckkappe

Abbildung 4: Verstärkter Bereich

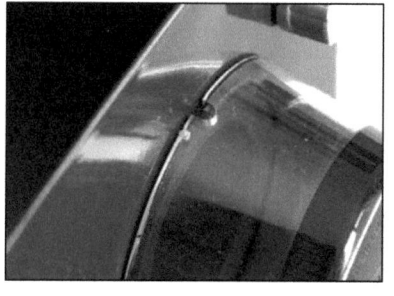

Abbildung 5: Undichte Stelle in der Lampenkappe

Abbildung 6: Oberseite mit Plombenwinkel

Aus fertigungstechnischer Sicht sind die beiden Komponenten Rückwand und Abdeckkappe sehr aufwendig herzustellen, da sie aus vielen Einzelteilen bestehen und eine Vielzahl von Fertigungsverfahren erfordern. Bei der Montage zeigen sich weitere Unzulänglichkeiten. So ist beim Aufsetzten der Abdeckkappe darauf zu achten, dass die Lampe nicht beschädigt wird. Durch die hohe Anzahl an Biegeteilen im Allgemeinen, und der Summe der Toleranzen bedingt, ist das „Treffen" der Gewindebohrungen beim Verschrauben oftmals schwierig.

2.2.3 Verriegelung

Die Verriegelung besteht aus vier Einzelteilen, wobei die Führungsbuchse (Pos. 8) mit der Platte (Pos. 9) und der Riegel (Pos. 10) mit dem Riegeldreikant (Pos. 11) durch Hartlöten gefügt werden (Abbildung 7). Anschließend werden beide entstandenen Einzelteile zusammen mit einer Drehfeder (Pos. 12) und mit zwei gekonterten Muttern (Pos.13) auf der Platte (Pos 9.) befestigt (Abbildung 8).

Die Baugruppe besteht aus recht einfach herzustellenden Einzelteilen. Eine Schwierigkeit stellt jedoch das M5 Gewinde in der Platte (Pos. 9) dar, da es in einer schiefen Ebene nach dem Biegen gebohrt werden muss (Abbildung 7). Der Grund für diese Bearbeitungsreihenfolge ist, dass wenn sie vorher gebohrt würde, die Bohrung sehr nahe an der Umformzone liegt und beim Biegen verzerrt werden könnte. Zudem verursacht das Hartlöten zusätzlichen Mehraufwand: "Teil 2 mit Teil 3 hart verlötet. Danach: Zapfen 9Ø von Teil 3 gesäubert. Bohrung 1,7Ø gebohrt[...]"[1].

Bei der Montage hat sich die Drehfeder (Pos. 12) als äußerst unhandlich erwiesen. Hinzu kommt, dass die Verschraubung der Muttern, in Bezug zu den anderen Teilen, in entgegengesetzter Richtung montiert wird. Dadurch wird ein gegeben falls erforderlicher Austausch der damit verbunden Teile erschwert.

Ein weiteres Manko dieser Konstruktion ist, dass der Riegeldreikant nur einseitig gelagert ist und auf Grund der Toleranzen kippeln kann. Im Zusammenhang mit dem Gehäuse führt dies zu einer exzentrischen Lage in zusammengebautem Zustand (Abbildung 9). Auffällig ist auch, dass bei dem in den Unterlagen dargestellten Typ ein Anschlag fehlt, der ein Überdrehen der Drehfeder beim Entriegeln verhindert. Im Laufe der Zeit wurde deshalb nachträglich ein kleiner Blechwinkel angebracht.

---

[1] Ausschnitt aus dem Arbeitsplan

2 Mängelanalyse

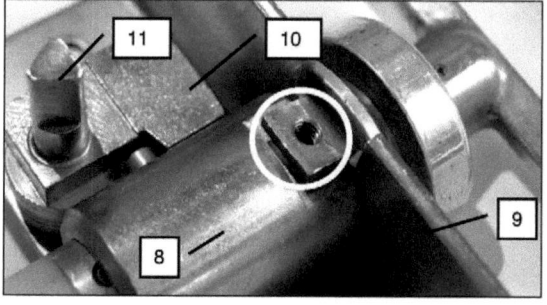

Abbildung 7: Montierte Verriegelung mit Blick auf die Gewindebohrung an der Umformzone

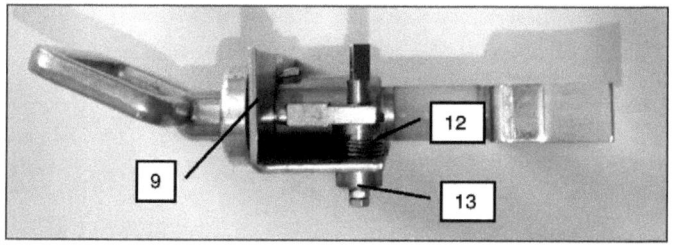

Abbildung 8: Vollständig montierter Betätigungsmechanismus

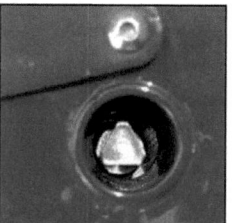

Abbildung 9: Exzentrische Lage des Dreikantes in Folge der einseitigen Lagerung

2 Mängelanalyse

2.2.4 Schaltgabel

Die Baugruppe „Schaltgabel, kompl." (Abbildung 10) ist aus fünf Einzelteilen zusammengesetzt. Die Schaltgabel (Pos. 14) ist mit einem Zwischenstück verschweißt. Das Zwischenstück, das Isolierstück (Pos. 15) und das Führungsstück (Pos. 16) sind über Passungen und Spannstifte (Pos.17) verbunden. Das Fügen mit Spannstiften hat den Vorteil, dass Bohrungen mit größerem Toleranzfeld genügen, wie das bei Stiftverbindungen mit Zylinderstiften gegenteilig der Fall ist. Der Nachteil aller Stiftverbindungen ist jedoch die schlechte demontierbarkeit. Im Führungsstück (Pos. 16) befindet sich noch ein Zylinderstift (Pos. 18) in einer Querbohrung. Dieser Stift begrenzt den Schalthub im eingebauten Zustand. Alle Einzelteile sind einfach zu fertigen und auch bei der Montage dieser gibt es keine außerordentlichen Besonderheiten.

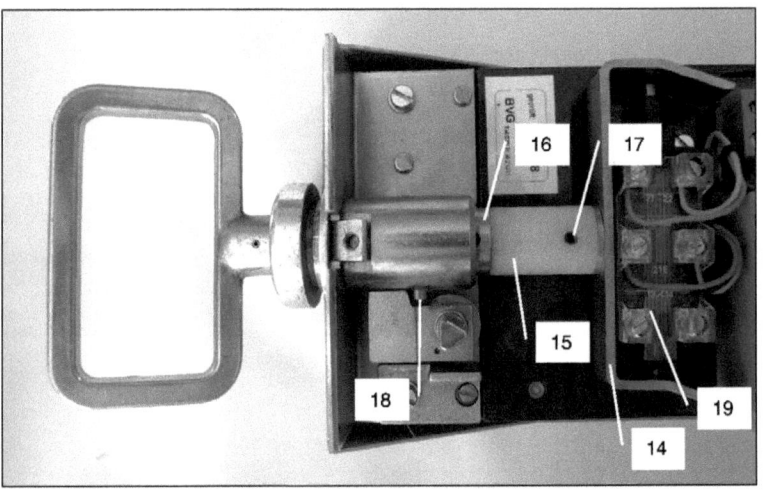

Abbildung 10: Schaltgabel im eingebautem Zustand

2.2.5 Isolierkappe

Die Isolierkappe (Abbildung 11) besteht aus dem Thermoplast Ripolit. Gefertigt wird die Kappe durch Thermoumformen und Kleben, wobei der Kleber eine abdichtende Wirkung haben soll. Die Fertigungsschritte lassen sich wie folgt zusammenfassen:

- Zuschnitt auf Holzkern spannen
- Erwärmen auf 115-130°C
- Seiten abbiegen
- Holzkasten mit Zwingen an den Kern pressen
- Abkühlen lassen
- Stoßkanten und Klebeflächen aufrauen oder mit Tangit-Anlöser vorbehandeln
- Alle offenen Winkel mit Tangit-Spezialkleber verschließen

Abbildung 11: Fertige Abdeckkappe

2.3 Zusammenfassung

Allgemein kann festgestellt werden, dass die Teile im Einzelnen einfach zu fertigen sind, jedoch beim Fügen zu Unterbaugruppen oft, durch z.B. Schweißen, ein erheblicher Aufwand entsteht. Insgesamt betrachtet kommen viele verschiedene Fertigungsverfahren zur Anwendung, was eine gute Logistik bei der Herstellung erfordert. Zur Verdeutlichung sind alle benötigten Verfahren zusammengefasst aufgeführt:

- Biegeumformen
- Spanende Bearbeitung
- Schweißen/Punktschweißen
- Hartlöten
- Weichlöten
- Beschichten
- Thermoumformen
- Kleben

Ebenfalls zu bemängeln sind die kleinen Biegeradien der Blechteile (Abbildung 12), zumal diese überhaupt nicht erforderlich sind. Sie erhöhen lediglich die Bruchgefahr und für kleine Biegeradien werden zudem spezielle Werkzeuge benötigt.

Abbildung 12: Scharfkantige Biegungen an den Blechteilen

2 Mängelanalyse

Ein Beispiel zur Thematik Biegeradius:

Aus den Zeichnungen sind folgende Daten bekannt:

- Werkstoff: St37 (entspricht S235) [2] mit einer Mindestzugfestigkeit R_m von 360 $\frac{N}{mm^2}$
- Blechstärke: 3mm

In der Tabelle „kleinster zulässiger Biegeradius für das Kaltbiegen von Stahl"[3] ist unter diesen Bedingungen ein Mindestbiegeradius von 3mm angegeben.

2.4 Funktionalität

Die unter 1.2.3 beschriebene Verriegelung und die unter 1.2.4 beschriebene Schaltgabel (Pos.14) bilden im montierten Zustand die Funktionseinheit. Positiv zu erwähnen ist die Form der Schaltgabel. Diese ermöglicht eine platzsparende Anordnung des Endtasters (Pos.19) (Abbildung 10). Negativ ist, dass die Auslösekraft nicht einstellbar ist und nur durch die Reibung der Komponenten untereinander und vom Betätigungswiderstand des Endtasters abhängt.

3 Neukonstruktion

Nach der kritischen Betrachtung des NSS der BVG, beginnt in diesem Abschnitt die Vorbereitung der Neukonstruktion. Dazu werden die Anforderungen genau bestimmt und mögliche Lösungen diskutiert.

3.1 Anforderungsliste

Aus den unter 1.2 hervorgegangenen Unzulänglichkeiten und unter Einbeziehung der Kundenanforderungen wurde folgende Anforderungsliste (Tabelle 1) erstellt.

---

[2] Siehe dazu Tabellenbuch Metall (2008), S.130
[3] Siehe dazu Tabellenbuch Metall (2008), S.318

3 Neukonstruktion

Tabelle 1: Anforderungsliste

Sanftleben		Anforderungsliste	Blatt: 1
		Notsignalschalter	Seite: 1
Änder.	F W	Forderung Wunsch	
		1. Geometrie	
	F F F	Länge=400mm Breite=160mm Höhe=120mm	
		Bohrbild für die Wandverschraubung:	
	F	190mm x125mm, vier Bohrungen Ø10mm	
	F	2. Betätigungsenergie: Handkraft	
22.05.13	F	3. Elektrik allgemein Erfüllung der Anforderungen der Schutzklasse II*	

3 Neukonstruktion

Sanftleben		Anforderungsliste	Blatt: 1
		Notsignalschalter	Seite: 2
Änder.	F W	Forderung Wunsch	
		4. elektrische Komponenten	
	F	LED 360° Rundumleuchte	
	F	zwei Schalter vom Typ Siemens 3SE5250-0PC 05 (Ps1.1 ; Ps2.1)	
22.05.13	F	zwei Kabeleinführungen M25x1 rückseitig	
		5. Vandalismussicherheit	
	F	drehbarer Griff	
	F	Deckel ist mit plombierbaren Schrauben verschraubt	
	W	gute Austauschbarkeit der potentiell gefährdeten Teile	
29.04.13	F	Entriegelung mit Vierkantschlüssel Vk8	
		6. besondere konstruktive Merkmale	
	W	Die Vierkantwelle ist im Deckel gelagert und nach außen hin abgedichtet	
	W	Einstellbarkeit der Auslösekraft	

3.2 Gehäuse

Das Gehäuse bildet die Grundlage. Es definiert den zu Verfügung stehenden Bauraum und alle folgenden Komponenten bauen direkt oder indirekt darauf auf.

Die allgemeinen Anforderungen an das Gehäuse sind:

- ausreichende Stabilität gegen mutwillige Zerstörung

- Eindringen von Flüssigkeiten verhindern

- Hohe Alterungsbeständigkeit

Um eine komplizierte Fertigung von vornherein auszuschließen wurde nach Kaufteilen recherchiert. Die Wahl fiel auf ein Aluminiumdruckgussgehäuse der Firma Rittal. Es erfüllt die geometrischen Bedingungen, ist besonders robust und hat den Schutzgrad IP66[4].

Der Bauraum ist nun definiert und bildet die Grundlage für das weitere Vorgehen.

3.3 Auslösemechanismus

Durch Ziehen am Griff sollen gleichzeitig zwei Stößelschalter betätigt werden. Das erfordert eine Umwandlung von einer Zug- in eine Druckbewegung.

3.3.1 Lösungsprinzipien

Die Umwandlung kann durch eine entstehende Relativbewegung zweier aneinander gleitender Komponenten oder mittels einer Gelenk-Mechanik umgesetzt werden. In der Tabelle 2 sind dazu Lösungsprinzipien schematisch dargestellt.

---

[4] Schutzgrad IP66: Staubdicht, vollkommender Schutz gegen Berührung und gegen starkes Strahlwasser aus beliebigem Winkel

Tabelle 2: Lösungsprinzipien

Teilfunktion / Wirkprinzip		1	2	3	
Energie leiten	translatorisch/ rotatorisch				A
		Hebel			
	translatorisch/ translatorisch	T-Stück	Reibkeil	Reibkeil	B

3.3.2 Vereinfachter Variantenvergleich

Die Bewertung der Lösungsansätze erfolgt mit Hilfe eines vereinfachten Variantenvergleiches (Tabelle 3). Betrachtet wird der zu erwartende Fertigungs- und Montageaufwand, die Störanfälligkeit im Betrieb, die resultierende Schalteranordnung und der benötigte Bauraum. Die beiden letzteren stehen in direktem Zusammenhang, doch bei der Bewertung der Schalteranordnung wird die Lage der elektrischen Anschlüsse betrachtet. Die zu führenden Leitungen sollten möglichst kurz und einfach gehalten werden.

3 Neukonstruktion

Tabelle 3: Vereinfachter Variantenvergleich

Variante Kriterium	1A	1B	2B	3B
Bauraum	○	◑	◑	●
Fertigungsaufwand	○	●	◑	●
Störanfälligkeit	○	●	●	●
Schalteranordnung	●	○	◑	◑
Montageaufwand	○	●	●	●
●günstig ◑ akzeptabel ○ inakzeptabel				

3.3.3 Gestaltung

Aus dem Vergleich geht hervor, dass die Lösung 3B zu favorisieren ist. In Abbildung 13 ist die umgesetzte Lösung dargestellt.

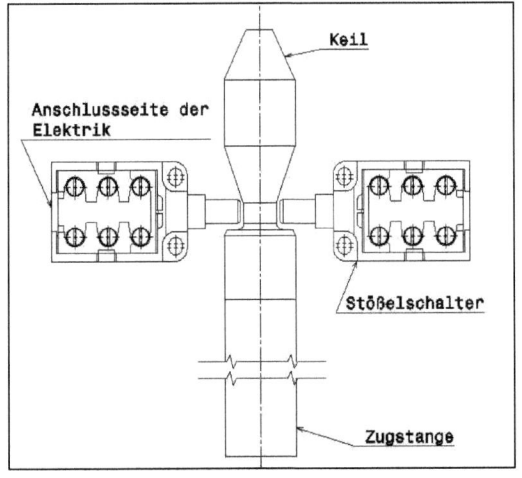

Abbildung 13: Umgesetzte Lösung mit Keil

16

3 Neukonstruktion

Die Zugstange und der Keil sind einfach herzustellende Drehteile, die miteinander verschraubt werden. Eine Aufteilung in zwei Einzelteile ist notwendig, um die Anforderungen der Schutzklasse II zu erfüllen, genaueres dazu siehe Abschnitt 6.1.

3.3.4 Funktionsweise

Bei der Betätigung des NSS wird die Zugstange nach unten verschoben. Durch die Form des Keiles kommt es dabei zu einer Relativbewegung zwischen dem Keil und der federnd gelagerten Stößel. Diese werden verdrängt und betätigen somit die elektrischen Schalter.

3.4 Griff

Eine Forderung des Kunden in Bezug auf die Sicherheit gegen Vandalismus ist die Umsetzung eines verdrehbaren Griffs. Eine Beschädigung der mechanischen und elektrischen Komponenten durch ein großes Drehmoment, z.B. durch Ansetzten eines Hebels auf der Zugstange, ist durch diese Maßnahme nicht möglich.

3.4.1 Gestaltung

Gelöst wurde diese Forderung durch eine Kugelrastkupplung an der Verbindungsstelle zwischen Griffnabe (Pos. 3) und Zugstange (Pos. 1), dargestellt in Abbildung 14. In der Zugstange (Pos. 1) befinden sich stirnseitig zwei Bohrungen auf einem Teilkreis um 180° versetzt angeordnet. Dem gegenüber liegen in gleicher Weise sphärische Senkungen in der Griffnabe (Pos. 3). Bei der Montage ist darauf zu achten, dass beim Anziehen der Zweilochschraube (Pos. 6) die Griffnabe (Pos. 3) nicht zum Aufliegen kommt und eine Drehung damit nicht mehr möglich ist. Zusätzlich ist die Zweilochschraube mit Schraubenklebstoff gegen selbständiges Lösen zu sichern. Durch diese Art der Gestaltung ergibt sich eine bestimmte Ausgangslage und ein selbstständiges Verdrehen ist nicht möglich.

3.4.2 Funktionsweise

Die Druckfedern (Pos. 5) drücken die Kugeln (Pos. 4) in die Senkungen der Griffnabe (Pos. 3) und sorgen somit für eine mechanische Verspannung der Komponenten. Das aufgebrachte Drehmoment muss groß genug sein um die Kugeln aus den Senkungen zu heben.

Die Auslegung der Druckfeder erfolgt im Abschnitt 4.1

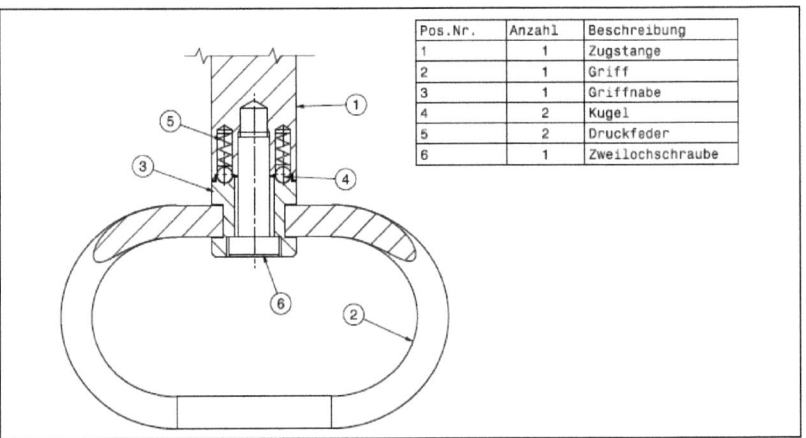

Pos.Nr.	Anzahl	Beschreibung
1	1	Zugstange
2	1	Griff
3	1	Griffnabe
4	2	Kugel
5	2	Druckfeder
6	1	Zweilochschraube

Abbildung 14: Entwurf des drehbar gelagerten Griffes

3.5 Teilfunktionen und Wirkprinzipien der Verriegelung

Die Verriegelung soll die Wiederherstellung der Ruhelage nach Betätigung verhindern. Die Rückstellung soll dem Dienstpersonal vorbehalten sein. Die Zugangsberechtigung wird durch die Vierkantverriegelung geprüft (Kundenvorgabe). Aus dieser Vorgabe ergibt sich, dass die einleitende Bewegung zur Rückstellung eine Drehbewegung ist. Die Gesamtfunktion der Verriegelung wird in einzelne Unterfunktionen aufgeteilt, die sich durch allgemeine Wirkprinzipien darstellen lassen. In der folgenden Tabelle 4 werden mögliche Lösungsprinzipien für die einzelnen Teilfunktionen dargestellt.

Tabelle 4: Teilfunktionen und Wirkprinzipien

Teilfunktionen	Wirkprinzipien					
Verriegelungs-energie aufbringen	mechanisch		elektrisch	magnetisch	pneumatisch	hydraulisch
	Federn	Umwandlung von potentielle- in kinetische Energie	Elektro-magnet	Ferro-magnet	Blasen-speicher	Hydro-speicher
Entriegelungs-energie aufbringen	mechanisch		elektrisch			
	durch Handkraft	elektro-motorisch	elektro-magnetisch			
Führen	Zahnrad / Zahnstange	Spirale / Zahnstange	Zapfen / Hülse	Drehgelenk / Hebel	Begrenzung durch Ebene	Spindel
Ver- und Entriegelungs-weg zurücklegen	translatorisch geführt	rotatorisch geführt				
Verriegeln	Reibschluss / Kraftschluss			Formschluss		
	Klemmung	Verkeilung	Sperrklinke	Widerhaken	Rastbolzen	
Entriegeln	Keil	Drehkeil	Mitnehmer			

3.6 Variantenbildung

Durch Kombinieren und Variieren lässt sich eine Vielzahl möglicher Lösungsansätze generieren. Zunächst werden Wirkprinzipien ausgeschlossen, die den Anforderungen widersprechen oder aus anderen technischen Gründen nicht sinnvoll sind.

3.6.1 Ausschluss von Wirkprinzipien

Die technischen Möglichkeiten der Pneumatik und Hydraulik werden von vornherein ausgeschlossen. Gründe dafür sind einerseits, dass am Einsatzort keine Anschlüsse dafür vorhanden sind und dass andererseits das Verhältnis von Aufwand und Nutzen in keiner Weise zu rechtfertigen ist.

Eine Verwendung elektrischer Komponenten ist durchaus denkbar, da eine Versorgungsspannung von 60 V Gleichstrom anliegt. Doch im Vergleich zu einer mechanischen Lösung ist eine solche Umsetzung komplexer und als störungsempfindlicher einzustufen.

Ein weiteres Problem könnte die Ersatzteilbeschaffung in einigen Jahren werden. Diese Problematik ist bereits beim Nachbau, der von dem BVG eingesetzten NSS, aufgetreten und hat nicht unerhebliche Schwierigkeiten verursacht. Dauermagneten lassen sich nur bedingt bearbeiten, zudem kann die Kraft des Magnetfeldes infolge von Stößen schwinden und sie sind somit nicht praktikabel.

Demnach verbleiben nur die rein mechanischen Lösungsprinzipien zur Lösungsfindung. Diese lassen sich ebenfalls weiter eingrenzen. Die Wirkprinzipien Spindel, Zahnrad/Zahnstange und Spirale/Zahnstange der Teilfunktion Führen entfallen. Sie beinhalten aufwendig zu fertigende Einzelteile, was der Forderung nach einer einfachen Herstellbarkeit widerspricht.

3.6.2 Morphologischer Kasten

Die verbleibenden Wirkprinzipien sind anschließend in einem morphologischen Kasten (Tabelle 5) zusammengefasst dargestellt.

Tabelle 5: Morphologischer Kasten

Teilfunktionen	Wirkprinzipien				
Verriegelungs-energie aufbringen	Federn	Umwandlung von potentielle- in kinetische Energie $\boxed{m}$ Epot ⇩ Ekin			
Entriegelungs-energie aufbringen	von Hand				
Führen	Zapfen / Hülse	Begrenzung durch Ebene	Drehgelenk / Hebel		
Ver- und Entriegelungs-weg zurücklegen	translatorisch geführt	rotatorisch geführt	V2		
Verriegeln	Reibschluss / Kraftschluss		Formschluss V1		
	Klemmen	Verkeilen	Sperrklinke	Widerhaken	Rastbolzen
Entriegeln	Keil	Drehkeil	Mitnehmer		

21

3.7 Erläuterung der Varianten

Nachstehend werden beide Varianten in ihren Funktionsweisen und Besonderheiten beschrieben, um dann anschließend in einem Variantenvergleich bewertet werden zu können.

3.7.1 Variante 1

Die Positionsangaben in den nachstehenden Ausführungen, beziehen sich auf die Abbildungen 15 und 16.

Der Mechanismus der ersten Variante besteht aus acht zu fertigenden Einzelteilen, die sich besonders durch ihre einfach herzustellenden Bauteilgeometrien auszeichnen.

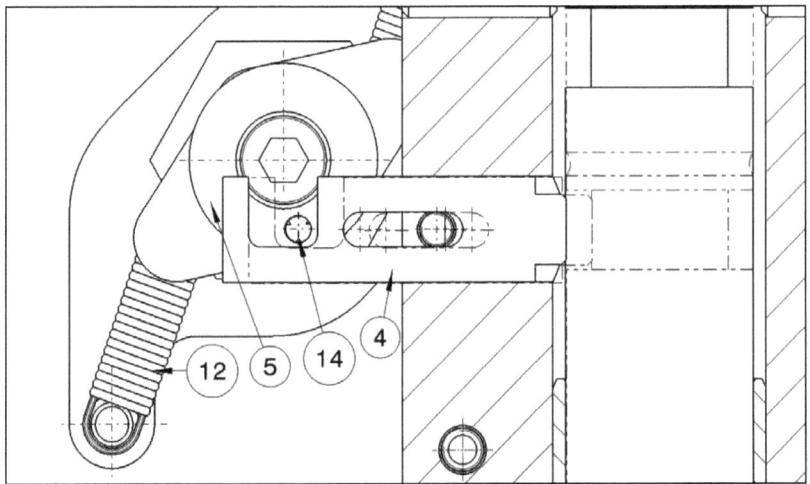

Abbildung 15: Detailansicht der Verriegelung Variante 1

3 Neukonstruktion

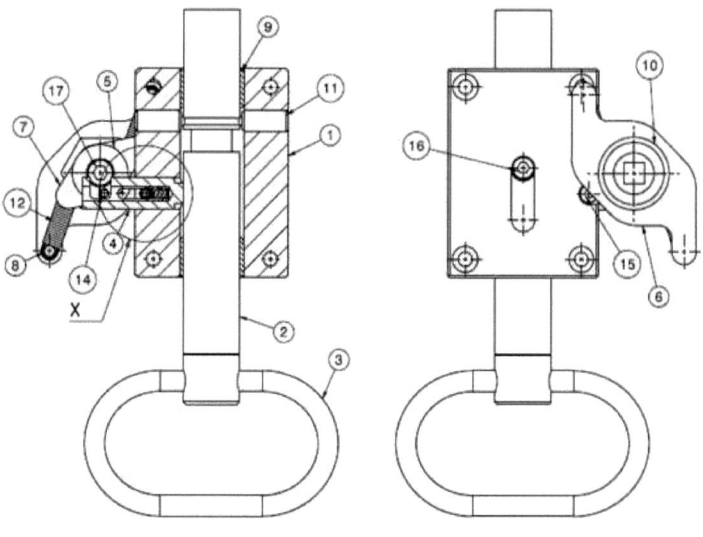

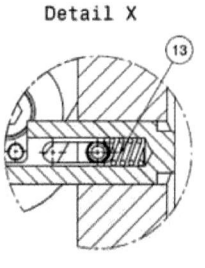

Detail X

Pos.Nr.	Anzahl	Bezeichnung	
1	1	Führungskörper	
2	1	Zugstange	
3	1	Griff	
4	1	Rastbolzen	
5	1	Exzenterhülse	
6	1	Federhalterungsblech	
7	1	Riegelblech	
8	4	Schweißbolzen	
9	2	Gleitlagerbuchse	
10	1	Vorreiber	
11	2	Druckstück M8	
12	2	Zugfeder	
13	1	Druckfeder	
14	1	Kerbstift	
15	1	Zylinderkopfschraube	ISO 4762 M4x30
16	1	Zylinderkopfschraube	ISO 4762 M5x8

Abbildung 16: Vollständige Darstellung der Variante 1

3.7.1.1 *Funktionsweise*

Beim Betätigen durch Ziehen am Griff (Pos. 3) gleitet die Zugstange in die Rastposition. Dafür muss zunächst eine bestimmte Auslösekraft erbracht werden. Diese ist über die Druckstücke (Pos. 11) einstellbar. Der Schalthub ist durch die im Langloch geführte Zylinderkopfschraube (Pos. 16) begrenzt. In der Endlage gleitet der durch die Druckfeder (Pos. 13) vorgespannte Rastbolzen (Pos. 4) in die Ringnut der Zugstange (Pos. 2). Ein Zurückschieben ist somit nicht mehr möglich. Die Entriegelung erfolgt durch Drehen der Vierkantwelle im Vorreiber (Pos. 10) mit entsprechendem Schlüssel. Die damit verbundene Exzenterhülse (Pos. 5) dreht mit und der Kerbstift (Pos. 14) fungiert als Mitnehmer, um den Rastbolzen (Pos. 4) zurückzustellen. In diesem Zustand kann die Zugstange (Pos. 2) nach oben geschoben und die Ausgangslage wiederhergestellt werden. Die Drehbewegung beim Entriegeln ist durch das Langloch im Rastbolzen (Pos. 4) begrenzt. Ein Überdehnen der Zugfedern (Pos. 12) wird dadurch verhindert.

3.7.1.2 *Besondere Merkmale*

Diese Art der Gestaltung hat mehrere positive Eigenschaften. So ist durch die Integration des Entriegelungsmechanismus in den Deckel die Dichtigkeit des Gehäuses und ein zentrischer Sitz der Vierkantwelle gewährleistet. Desweiteren ist die Entriegelung so gestaltet, dass der Mitnehmer in unbetätigtem Zustand durch die Zugfedern gegen den Anschlag des Vorreibers drückt (Abbildung 17). In Zusammenhang mit der Aussparung im Rastbolzen (Abbildung 15) kann der Deckel, unabhängig vom Betätigungszustand des NSS, montiert bzw. demontiert werden ohne die Gefahr einer versehentlichen Beschädigung.

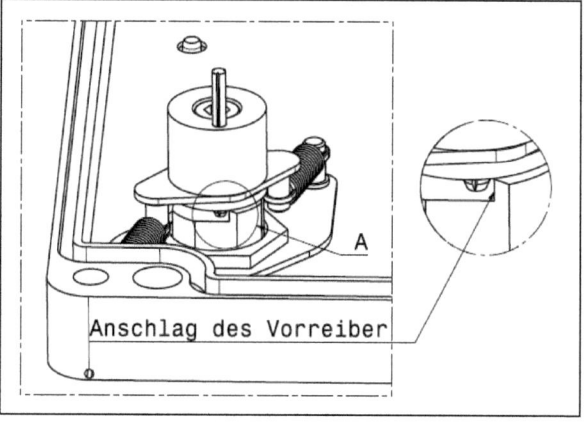

Abbildung 17: Definierte Ausgangslage durch Anschlag des Vorreibers

3.7.2 Variante 2

Die Positionsangaben in den nachstehenden Ausführungen, beziehen sich auf die Abbildungen 18 und 19.

Die Variante 2 setzt sich aus neun zu fertigenden Einzelteilen zusammen, die in ihrer Herstellung teilweise etwas aufwendiger sind. Ein Beispiel dafür ist die Sperrklinke (Pos. 4), bedingt durch die Kontur oder der Führungskörper (Pos. 1), in den relativ tiefe Taschen mit kleinem Radius zu fräsen sind.

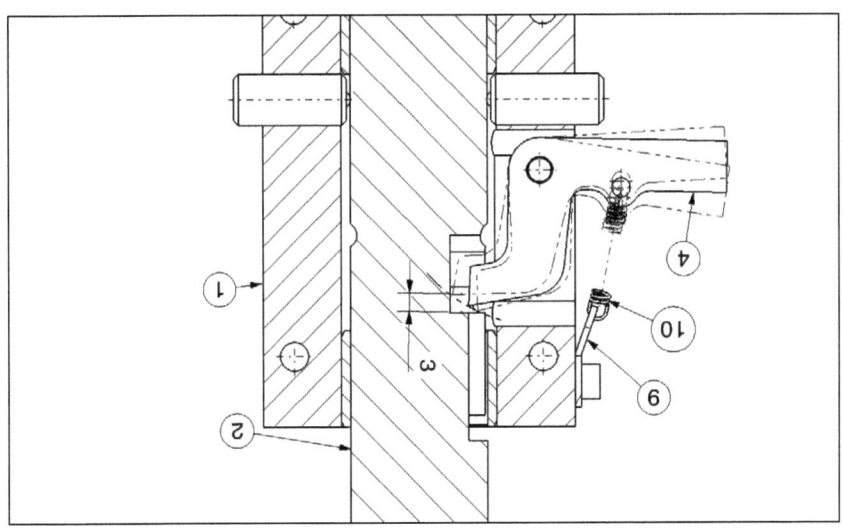

Abbildung 18: Detailansicht der Verriegelung der Variante 2

26

3 Neukonstruktion

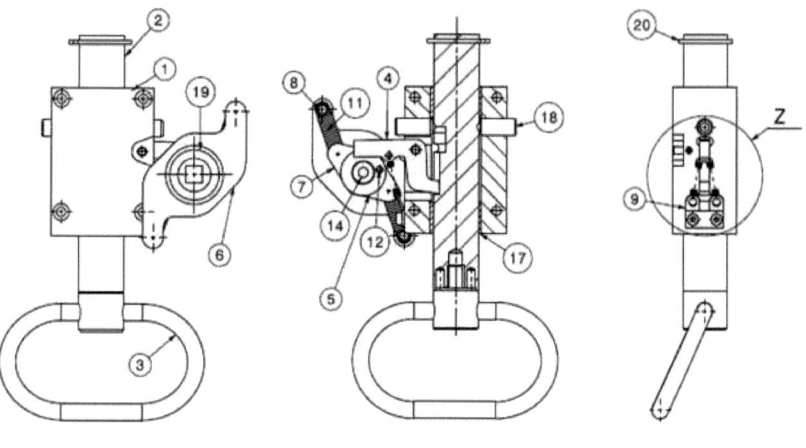

Pos.Nr.	Anzahl	Bezeichnung
1	1	Führungskörper
2	1	Zugstange
3	1	Griff
4	1	Sperrklinke
5	1	Exzenterhülse
6	1	Federhalterungsblech
7	1	Riegelblech
8	4	Schweißbolzen
9	1	Federhalter
10	2	Zugfeder klein
11	2	Zugfeder groß
12	1	Kerbstift
13	2	Zylinderkopfschraube ISO 4762 M3x8
14	1	Zylinderkopfschraube ISO 4762 M6x20
15	1	Gewindestift ISO 4026 M3x5
16	1	Zylinderstift
17	2	Gleitlagerbuchse
18	2	Druckstück M8
19	1	Vorreiber
20	1	Wellensicherungsring DIN 741 22x1,75

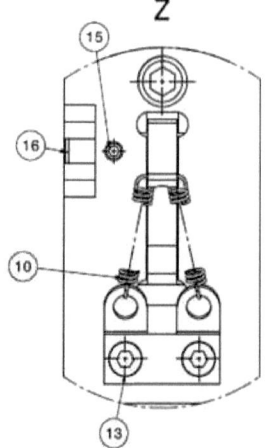

Abbildung 19: Vollständige Darstellung der Variante 2

27

3 Neukonstruktion

3.7.2.1 *Funktionsweise*

Wird der Griff (Pos. 3) gezogen und ist die Kraft größer als die durch die Druckstücke (Pos. 18) einstellbare Auslösekraft, so gleitet die Zugstange (Pos. 2) in die Endlage. Diese wird durch den Wellensicherungsring (Pos. 20) bestimmt. In dieser Position rastet die, durch zwei Zugfedern (Pos. 10) vorgespannte Sperrklinke (Pos. 4), ein. Die Sperrklinke (Pos. 4) befindet sich in der abgestuften Nut der Zugstange (Pos. 2), dadurch ist die Zugstange gegen verdrehen gesichert. Die Nut ist so bemessen, dass sie beim Zurückstellen des Griffes (Pos. 3) die Ausgangslage definiert. Das Entriegeln erfolgt in gleicher Weise, wie unter 3.7.1.1 beschrieben, über den Vierkant des Vorreibers (Pos. 19). Die Drehbewegung ist durch den Kerbstift (Pos. 12) und den Anschlag des Vorreibers (Pos. 19) begrenzt. In der höchsten Stellung wird die Sperrklinke nur soweit gedreht, dass ein Durchschieben der Zugstange nicht möglich ist. An dieser Stelle wird bereits ein Nachteil dieser Lösung deutlich. Die Sperrklinke (Pos. 4) benötigt, bedingt durch die Rotationsbewegung, zusätzlichen Raum. Im betätigten Zustand ergibt sich ein axiales Spiel von 3 mm (Abbildung 18). Das bedeutet auch, dass wenn sich die Zugstange (Pos. 2) nicht in der Endlage befindet, die Entriegelungsbewegung der Sperrklinke (Pos. 4) behindert werden kann. Diese Eigenheit hat somit eine negative Auswirkung auf die Funktionalität.

3.7.2.2 *Besondere Merkmale*

Für die Entriegelung gelten die selben Besonderheiten wie bei der Variante 1 (3.7.1.2), denn der Unterschied liegt hierbei nur in der Anordnung der Bauteile. Besonderheiten gegenüber der Variante 1 sind zum einem, dass die Variante 2 etwas kleiner ausfällt und der Platzbedarf im Gehäuse dadurch geringer ist. Zum anderen ergibt die Verwendung von zwei Zugfedern zum Verriegeln eine doppelte Ausfallsicherheit. Dies ist aber nicht zwingend notwendig, da ein Ausbleiben des Einrastens keinen Einfluss auf die Hauptfunktion des NSS hat. Ist der NSS erst einmal ausgelöst, kann nur vom Stellwerk aus die Notsignalschaltung abgestellt werden.

3.8 Bestimmung der Vorzugsvariante

Um festzustellen welche Variante die Anforderungen am besten erfüllt, werden diese nach bestimmten Kriterien verglichen. Der von der BVG eingesetzte NSS wird mit einbezogen, um zu zeigen, dass tatsächlich eine Verbesserung stattgefunden hat.

3.8.1 Bewertungskriterien

Nachfolgend werden die Bewertungskriterien des Variantenvergleiches näher erläutert.

3.8.1.1 *Fertigung*

Bei diesem Bewertungspunkt gilt es, den entstehenden Gesamtaufwand für die Herstellung einzuschätzen. Dieser setzt sich zusammen aus:

➢ Anzahl der zu fertigenden Einzelteile

Hierbei wird nur die Menge betrachtet. Bei den Varianten 1 und 2 entsteht der Unterschied in der Anzahl durch die unterschiedlich gestalteten Mechanismen. Es wird davon ausgegangen, dass die restliche Gestaltung identisch ist.

➢ Komplexität der Einzelteile

Jedes Teil verursacht unterschiedlich hohe Aufwendungen in der Herstellung, jedoch haben anspruchsvolle Einzelteile einen großen Einfluss auf den gesamten Fertigungsprozess. Eine Konstruktion mit einer höheren Anzahl an komplexen Einzelteilen ist demnach schlechter zu bewerten. Nachfolgend sind beispielhaft einige Fragen zur Einschätzung aufgeführt:

- Gibt es besondere Anforderungen an die Genauigkeit?
- Wie viele Spannungen werden beim Zerspanen benötigt?
- Werden mehrere Verfahren für ein Bauteil benötigt?
- Auswahl geeigneter und beschaffbarer Materialien

➢ Anzahl der angewendeten Fertigungsverfahren

3 Neukonstruktion

Unter diesem Punkt wird nur die Menge an Verfahren berücksichtigt, die zur Anwendung kommen

➢ Aufwand bei der Fertigung

Jede Anwendung verursacht Mehrarbeit, hierzu ein Beispiel:
Beim Zerspanen entsteht Grat und dieser muss entfernt werden. Dies kann unter Umständen schon während der Bearbeitung in der Maschine geschehen oder muss nachträglich von Hand nachbearbeitet werden.

Insgesamt ist der Aufwand in diesem Fall eher gering.

Beim Hartlöten muss überflüssiges Lot und Flussmittel nachträglich entfernt werden, zu dem ist es bei einer geringen Stückzahl kein automatisierter Prozess.

Der entstehende Aufwand ist höher.

Eine Konstruktion wird schlechter bewertet, wenn sie mehr Verfahren beinhaltet, bei denen ein großer Aufwand sowohl während der Bearbeitung, als auch in der Nacharbeit entsteht und andersherum.

3.8.1.2 *Montierbarkeit*

Hierbei werden die Erstmontage und die Austauschbarkeit von Einzelteilen am Einsatzort betrachtet:

➢ Aufwand

Der Aufwand einer Montage hängt unter anderem von folgenden Faktoren ab:

- Fügerichtungen, -wege
- Fügebewegungen
- Zugänglichkeit für Werkzeuge
- Vielfalt benötigter Werkzeuge

- Gleichzeitiges Fügen ja/nein
- Vorhandensein von Positionierhilfen

3.8.1.3 *Funktionalität*

Die Gesamtkonstruktion wird Bewertet nach:

➤ Sicherheit gegen Vandalismus

Das umfasst die Widerstandsfähigkeit gegen mechanische Einwirkungen und die Dichtigkeit des Gehäuses

➤ Bedienbarkeit

Hauptkriterium dabei ist das Betätigen und das Entriegeln. Zur Bedienung werden aber auch die Wartungs- und Reparaturfreundlichkeit gezählt.

3.8.2   Variantenvergleich

Die unter 2.8.1 erläuterten Kriterien sind in der Tabelle 6 zusammengefasst aufgeführt, gewichtet und nach einem Vier-Punkte Schema (Abbildung 20) bewertet worden.

4	sehr gut
3	gut
2	ausreichend
1	gerade noch tragbar
0	unbefriedigend

Abbildung 20: Vier-Punkte Bewertung

31

Tabelle 6: Variantenvergleich

Kriterium	Wichtung (W)	Variante 1		Variante 2		NSS BVG		Ideal	
		P	PxW	P	PxW	P	PxW	P	PxW
Fertigung									
Anzahl Einzelteile	4	4	16	3	12	2	8	4	16
Komplexität der Einzelteile	5	3	15	3	15	2	10	4	20
Anz. Fertigungsverfahren	4	3	12	3	12	1	4	4	16
Aufwand	5	3	15	3	15	2	10	4	20
Montierbarkeit									
Aufwand	4	3	12	3	12	2	8	4	16
Funktionalität									
Vandalismussicherheit	3	4	12	4	12	0	0	4	12
Bedienbarkeit	3	4	12	2	6	3	9	4	12
Summe		24	94	21	84	12	49	28	112
Wertigkeit			83,9%		75%		43,8%		100%

Die Variante 1 erfüllt die Anforderungen am besten und wird aus diesem Grund weiter auskonstruiert.

4 Berechnungen zur Bestimmung von Bauteilspezifikationen

Nachdem die auszugestaltende Variante bestimmt ist, müssen die verwendeten Norm- bzw. Kaufteile dimensioniert werden.

4.1 Berechnung der Druckfeder für den Rastbolzen

Im Rastbolzen befindet sich eine Druckfeder, die bei der Betätigung des NSS für die Verriegelung sorgt. In den Abmaßen wurde die Feder so gewählt, dass sie beim Fügen mit dem Führungskörper nicht vorgespannt wird, wie in der Abbildung 21 zu erkennen ist.

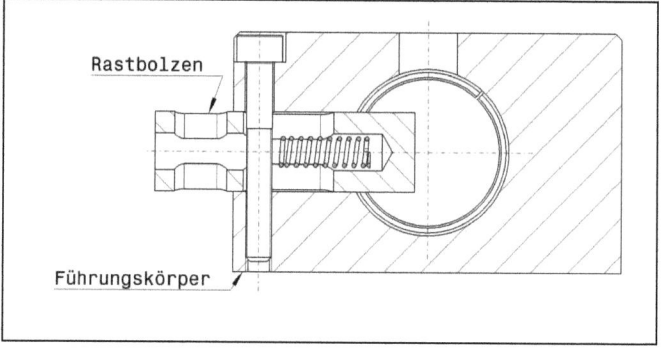

Abbildung 21: Rastbolzen nach der Montage im Führungskörper

Nach der Auswahl unter den geometrischen Gesichtspunkten ist noch zu prüfen, ob mit der vorhandenen Federkonstante die Masse des Rastbolzens ausreichend schnell beschleunigt wird. Dazu wird die für den Schließweg benötigte Zeit berechnet. Es gibt dazu keine konkreten Bestimmungen, dennoch sollte der Wert unter einer Sekunde liegen. Aufgrund des geringen Eigengewichtes vom Rastbolzen und der guten Gleiteigenschaften des Bolzenwerkstoff, wird die Reibung vernachlässigt.

Spezifikationen der Feder aus dem Datenblatt, Feder: VD-108

$R = 2,5 \frac{N}{mm}$ $\qquad\qquad$ $L_0 = 14$ mm

Länge der Feder in Ruhestellung $L_R = 8$ mm, Federweg $x_1 = 6$ mm

Länge der Feder bei Betätigung $L_b = 11$ mm, Federweg $x_2 = 3$ mm

Masse des Rastbolzens: $m_B = 0,031$ kg (im CAD Modell berechnet)

Beim Einrasten wird die, in der Feder gespeicherte Energie (potentielle Energie), in Bewegungsenergie (kinetische Energie) umgewandelt. Da die Feder nicht vollständig entspannt, verbleibt ein Rest potentieller Energie. Aus dem Energieerhaltungssatz lässt sich die Geschwindigkeit, mit der der Bolzen einrastet, bestimmen.

E_{pot}: potentielle Energie

E_{kin}: kinetische Energie

$$E_{pot1} + E_{kin1} = E_{pot2} + E_{kin2}$$

In der Ausgangslage befinden sich alle Körper in Ruhe, daher ist $E_{kin1}=0$ und der Ansatz lautet:

$$E_{pot1} = E_{pot2} + E_{kin2}$$

$$\frac{1}{2} \cdot R \cdot x_1^2 = \frac{1}{2} \cdot R \cdot x_2^2 + \frac{1}{2} \cdot m \cdot v^2$$

Das Umstellen nach v ergibt die Gleichung:

$$v = \sqrt{\frac{R \cdot (x_1^2 - x_2^2)}{m_B}}$$

Nach dem Einsetzten der Werte erhält man:

$$v = 1{,}48 \ \frac{m}{s}$$

An diesem Punkt ist erkennbar, dass die Verschließzeit deutlich unterhalb einer Sekunde liegen wird, weitere Berechnungen sind somit nicht notwendig.

4.2 Berechnung der Zugfedern

Ein Moment zum Entriegeln ist nicht vorgegeben, als Richtwert wurden 2 Nm festgelegt, um die Auswahl der Federn einzugrenzen. Die Bestimmung des Richtwertes erfolgte durch einen Selbstversuch mit einstellbaren Drehmoment-Schraubendrehern. Der Einstellbereich dieser Werkzeuge liegt zwischen 0,3 Nm und 3 Nm.

4 Berechnungen zur Bestimmung von Bauteilspezifikationen

Um den iterativen Prozess der Federnauswahl zu beschleunigen, wurde ein Hilfsmittel in Microsoft Excel erstellt. Als zusätzliches Hilfsmittel wurde die Suchmaschine auf der Seite des Federnherstellers Gute Kunst verwendet. Der Hersteller zum Beziehen der Normteile ist seitens des aufgabenstellenden Betriebes vorgegeben.

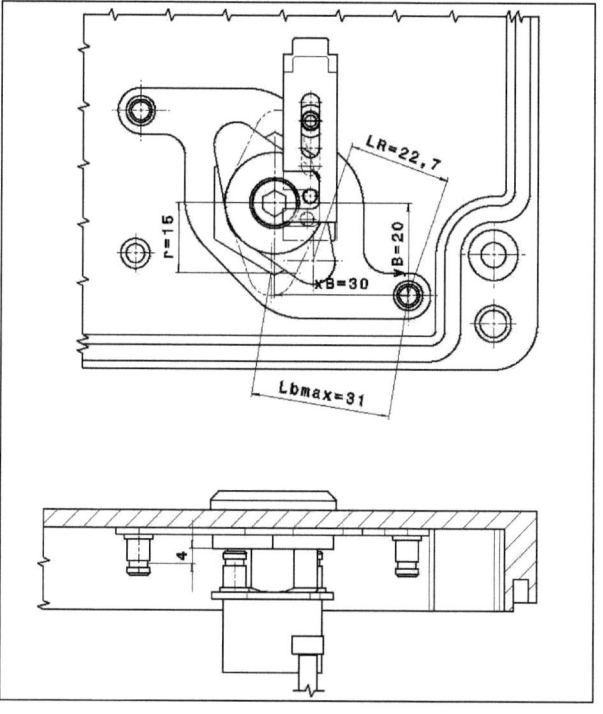

Abbildung 22: Geometrische Bedingungen

4.2.1 Funktionsweise des in EXCEL erstellten Programms

Das Programm berechnet die auftretenden Kräfte und die daraus resultierenden Momente entlang der Kurve auf dem sich der Schweißbolzen bewegt. Mit dem Programm kann festgestellt werden,

35

ob die gewählte Feder die Bedingungen erfüllt. Gleichzeitig ist es möglich die baulichen Bedingungen (Lage der Schweißbolzen, Radius) abzuändern, um die Wirkung zu optimieren. Veränderungen in der Geometrie müssen aber im CAD nachträglich auf z.B. Bauteilkollision überprüft werden.

4.2.2 Rechenweg

Die Kreisbahn ergibt sich aus der Kreisgleichung

$$r^2 = x^2 + y^2$$

Um die Wertepaare zu erzeugen, wird nach x umgestellt. Der Radius r ist gegeben und es gilt:

$$x = \sqrt{r^2 - y^2} \quad f\ddot{u}r \quad -r \leq y \leq r$$

Im nächsten Schritt werden die Abstände von der Kreisbahn zum feststehenden Bolzen berechnet. Die Koordinaten des Punktes sind bekannt (Abbildung 22).

$$L = \sqrt{(x_B - x_A)^2 + (y_B - y_A)^2}$$

Der Bereich:

$$L_R \leq L \leq L_{bmax}$$

stellt den Arbeitsbereich dar.

4 Berechnungen zur Bestimmung von Bauteilspezifikationen

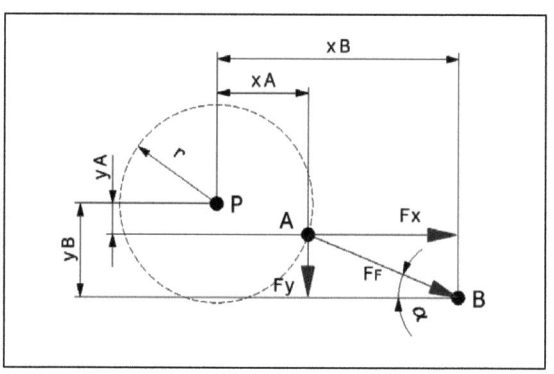

Abbildung 23:Freigemachte Kräfte

Die Abbildung 23 zeigt die freigemachten Kräfte. Der zur Kraftkomponentenbestimmung notwendige Winkel α berechnet sich wie folgt:

$$\alpha = \sin^{-1}\left(\frac{(y_B - y_A)}{(L)}\right)$$

Federkraft:

$$F_F = (L_R - L_0) \cdot R + F_0$$

Komponenten:

$$F_x = F_F \cdot \cos\alpha$$

$$F_y = F_F \cdot \sin\alpha$$

Das Betätigungsmoment um Punkt P:

$$M = 2(F_x \cdot y_A - F_y \cdot x_A)$$

Die Wahl fiel auf die Zugfeder RZ-113l (siehe Datenblatt Anlage 6).Das daraus resultierende Drehmoment zur Entriegelung hat einen Höchstwert von 2,7 Nm.

4.3 Berechnung der Druckfedern für den Griff

Eine genaue Bestimmung zum Auslösemoment ist nicht vorgegeben. Um die Auswahl an Federn einzugrenzen wurde ein Richtwert von 1,5 Nm, nach dem gleichem Prinzip wie unter 3.1 festgelegt. In Abbildung 24 sind die Randbedingungen dargestellt.

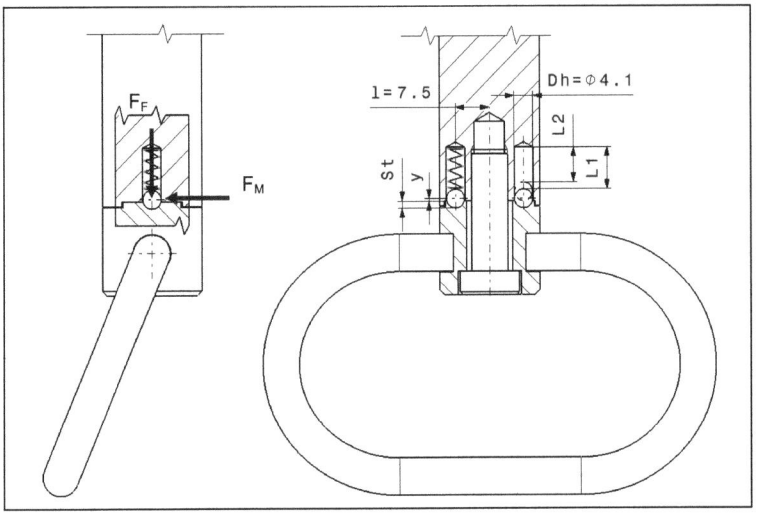

Abbildung 24: Randbedingungen zur Bestimmung der Federeigenschaften

St: Senktiefe

y: Differenz zwischen Senkungstiefe und Kugelradius

l: Abstand zur Drehachse

R: Kugelradius

F_F: Federkraft

F_M: durch Drehmoment verursachte Angriffskraft

L1: Federlänge in Ruhelage

L2: Federlänge bei Betätigung

Dh: Hülsendurchmesser

4 Berechnungen zur Bestimmung von Bauteilspezifikationen

Die Senktiefe St hat den größten Einfluss auf die benötigte Auslösekraft und damit auch auf die Anforderungen an die Feder. Bohrungsdurchmesser und Abstand der Drehachse sind durch den begrenzten Bauraum nicht veränderbar. Daraus folgt, dass die Senktiefe die Federkraft bestimmt. Anschließend wird die Bohrungstiefe für die Feder so angepasst, dass sich die gewünschte Wirkung einstellt. Zur schnelleren Lösungsfindung wurde ein Programm in Excel erstellt. Dieses zeigt, in Abhängigkeit von der Federkraft in Ruhelage und der Senktiefe, das Auslösemoment an.

4.3.1 Berechnung des Anstieges in Abhängigkeit von y

An der Berührungsstelle ergibt sich ein Zustand, ähnlich zwei Keilen die sich relativ zueinander verschieben. Im Bereich der Kante der kugelförmigen Senkung ist die Steigung und somit die aufzubringende Kraft am größten und wird daher zur Berechnung betrachtet (Abbildung 25). Zunächst wird der Anstieg der Tangente im Berührungspunkt ermittelt.

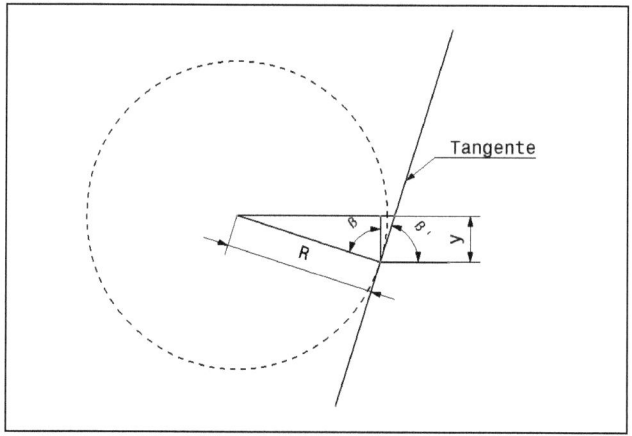

Abbildung 25: Geometrie am Berührungspunkt

Über die geometrischen Beziehungen ergibt sich für den Anstieg:

$$\beta = \beta' = \cos^{-1}\left(\frac{y}{R}\right)$$

39

4.3.2 Kräfteberechnung

Die Wirklinien der durch Kugeln übertragenen Druckkräfte verlaufen durch ihren Mittelpunkt bzw. senkrecht zur Tangente im Berührungspunkt.[5] Bedingt dadurch entsteht ein zentrales Kräftesystem (Abbildung 26).

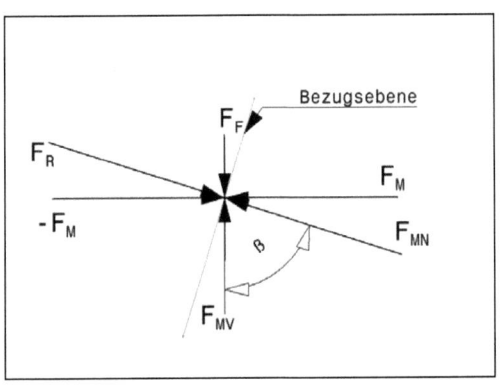

Abbildung 26: Zentrales Kräftesystem

Angriffskräfte

F_M: durch Drehmoment verursachte Angriffskraft

F_{MN}: Normalkraft

F_{MV}: vertikale Komponente von F_M

Reaktionskräfte

$-F_M$: Gegenkraft zu F_M

F_R: Resultierende aus $-F_M$ und F_F

F_F: Federkraft

Zur Bestimmung der Auslösekraft wird die vertikale Komponente benötigt. Durch die statischen Gleichgewichtsbedingungen erhält man:

$$\sum V : 0 = F_F - F_{MV}$$

Durch Umstellen und Einbinden der geometrischen Beziehungen ergibt sich für die Auslösekraft folgende Gleichung:

---

[5] Siehe dazu Kabus, (2009), S.19

4 Berechnungen zur Bestimmung von Bauteilspezifikationen

$$F_M = F_F \cdot \tan \beta$$

Das Auslösemoment M berechnet sich wie folgt:

$$M = 2 \cdot F_F \cdot l$$

Bei einer Federkraft von 30 N für eine Feder und einer Senktiefe von 0 mm bis 2 mm ergeben sich die in Tabelle 7 dargestellten Werte.

Tabelle 7: Errechnete Werte bei einer Federkraft von 30N

Senktiefe in mm	y	Anstieg in °	Auslöse-Kraft in N	Auslösemoment in Nm
0	2	0,00	0,00	0,00
0,1	1,9	18,19	9,86	0,15
0,2	1,8	25,84	14,53	0,22
0,3	1,7	31,79	18,59	0,28
0,4	1,6	36,87	22,50	0,34
0,5	1,5	41,41	26,46	0,40
0,6	1,4	45,57	30,61	0,46
0,7	1,3	49,46	35,07	0,53
0,8	1,2	53,13	40,00	0,60
0,9	1,1	56,63	45,55	0,68
1	1	60,00	51,96	0,78
1,1	0,9	63,26	59,54	0,89
1,2	0,8	66,42	68,74	1,03
1,3	0,7	69,51	80,29	1,20
1,4	0,6	72,54	95,39	1,43
1,5	0,5	75,52	116,19	1,74
1,6	0,4	78,46	146,97	2,20
1,7	0,3	81,37	197,74	2,97
1,8	0,2	84,26	298,50	4,48
1,9	0,1	87,13	599,25	8,99
2	0	90,00	-	-

4 Berechnungen zur Bestimmung von Bauteilspezifikationen

Zur besseren Darstellung des Verhaltens ist aus den Werten der Tabelle 5 der Verlauf des Auslösemomentes in Abhängigkeit von der Senktiefe aufgezeichnet.

Diagramm 1: Auslösemoment in Abhängigkeit von der Senktiefe bei einer Federkraft von 30N

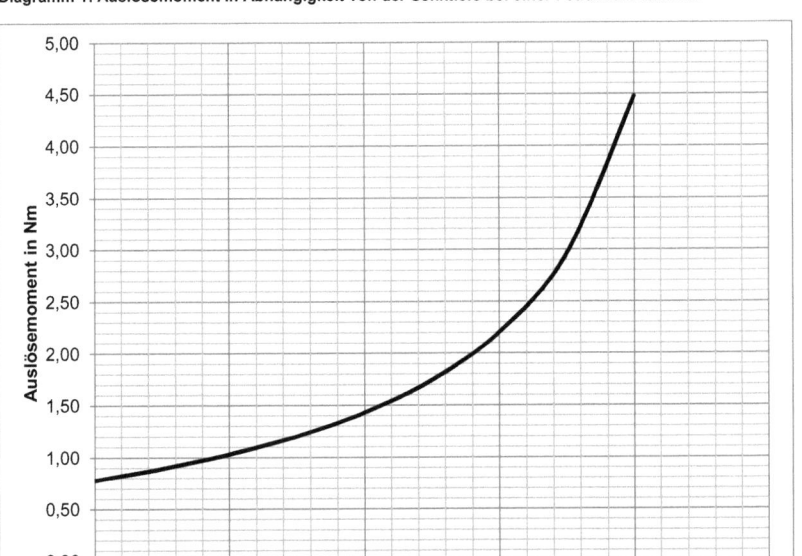

Der Verlauf der Kurve zeigt den deutlichen Einfluss der Senktiefe auf das aufzubringende Auslösemoment. Darüberhinaus kann festgestellt werden, dass die Senktiefe 1,4 mm nicht überschreiten sollte, da die Sprünge durch Fertigungsungenauigkeiten zu groß werden.

4.3.3 Auswahl der Druckfeder

Der Wertetabelle (Tabelle 7) ist zu entnehmen, dass bei einer Federkraft von 30 N pro Feder und bei einer Senktiefe von 1,4 mm sich nährungsweise das angestrebte Auslösemoment einstellt.

42

4 Berechnungen zur Bestimmung von Bauteilspezifikationen

Bei der Auswahl stellt sich das Problem heraus, dass mit zunehmender Härte der Feder und bei ähnlichen Größenverhältnissen, der Federweg geringer wird. Eine Sonderanfertigung ist aus Gründen der schlechten Austauschbarkeit durch die aufwendigere Wiederbeschaffung auszuschließen.

Am besten erfüllt die Feder VD-117G der Firma Gute Kunst mit folgenden Kennwerten aus dem Datenblatt, die Anforderungen.

Federrate: $R=10,074$ N/mm

Maximaler Federweg bei statischer Belastung: $s_n=3,33$ mm

In eingebautem Zustand, soll die Feder um den Weg $s_1=1,6$ mm gestaucht werden. Das ergibt eine Federkraft von:

$$F_F = R \cdot s = 10\,\frac{N}{mm} \cdot 1,6\ mm = 16\ N$$

Das Auslösemoment reduziert sich damit auf die Hälfte des angestrebten Wertes. Jedoch wird durch auftretende Reibung der wahre Wert über dem Errechneten liegen. Des Weiteren wird keiner konkreten Anforderung widersprochen. Folglich kann die Konstruktion in dieser Weise ausgeführt werden. Sollte das reale Auslösemoment zu gering sein, können in der Zugstange und in der Griffnabe, Bohrungen bzw. Senkungen zur Aufnahme weiterer Federn ergänzt werden.

4.3.4 Festlegen der Bauteilabmaße

Für die ausgewählte Feder ist noch die Bohrungstiefe in der Zugstange zu bestimmen. Dabei wird der, beim Bohren entstehende, Kegel und die Rundung der Kugel vernachlässigt. Eine hohe Genauigkeit ist aufgrund der vom Hersteller angegeben Toleranzen (±0,54 mm) bezüglich der Federlänge L_0 nicht zielführend.

5 Gestaltung weiterer Einzelteile

Nicht alle gestalterischen Probleme sind durch Kaufteile lösbar. Aus diesem Grund sind Eigenkonstruktionen notwendig.

5.1 Haltewinkel für Signalleuchte

Der Haltewinkel (Abbildung 27) bringt die Signallampe in ihre Leuchtposition. Es ist ein einfaches Biegeteil mit angelöteten Schweißmuttern. Als Grundbauteil dient ein Edelstahlblech, welches sich einfach und günstig durch Lasern herstellen lässt. Auf dem gebogenen Winkel werden Schweißmuttern hart aufgelötet. Die Festigkeit der hartgelöteten Verbindung ist in diesem Fall mehr als ausreichend, da keine nennenswerten Belastungen am Bauteil auftreten. Ein weiterer Grund für das Hartlöten ist, dass beim Schweißen der Wärmeeintrag in das Blech zu groß werden kann, da es kaum Fläche zur Wärmeabfuhr hat und relativ dünn ist. Zweck der Verwendung von Schweißmuttern ist es, die Montage der Lampenfassung zu vereinfachen. Da diese beim Austausch der Signalleuchte gelöst werden muss. Eine Mutter-Bolzenverbindung ist dabei unvorteilhaft.

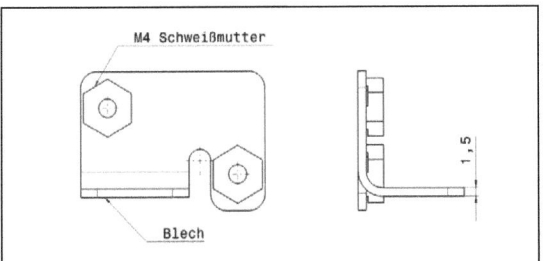

Abbildung 27: Fertiger Haltewinkel

5.2 Federhalterungsblech und Riegelblech mit Schweißbolzen

Die beiden Bauteile sind Bestandteil des Entriegelungsmechanismus. Auf den durch Lasern hergestellten Zuschnitten werden durch Bolzenschweißen Schweißbolzen angebracht. Als

Beispieldarstellung dient die Abbildung 28. Das Bolzenschweißen hat gegenüber anderen Fügeverfahren mehrere Vorteile:[6]

- Kein Bohren, Stanzen, Gewindeschneiden, Kleben, Nieten, Schrauben, Nachbearbeiten notwendig
- Einseitige Zugänglichkeit am Bauteil ausreichend
- Auch auf sehr dünnen Bauteilen schweißbar
- Verschiedene Materialkombinationen möglich

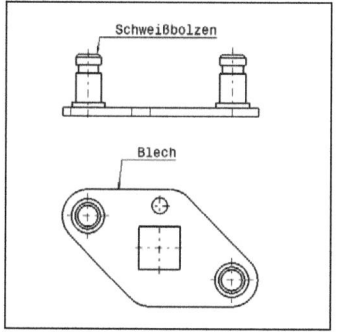

Abbildung 28: Riegelblech mit Schweißbolzen

5.3 Schweißbolzen

Die benötigten Schweißbolzen (Abbildung 29) sind einfach Teile, die von Stange gedreht werden. Der dafür typische Abstechbutzen kann sogar verbleiben und eine Nachbearbeitung entfällt, denn er dient beim Bolzenschweißen als Zentrierhilfe.

---

[6] Siehe dazu HBS. Merkmale/Vorteile. Zugegriffen am 14.06.2013 über http://www.hbs-info.de/basiswissen/merkmalevorteile.html

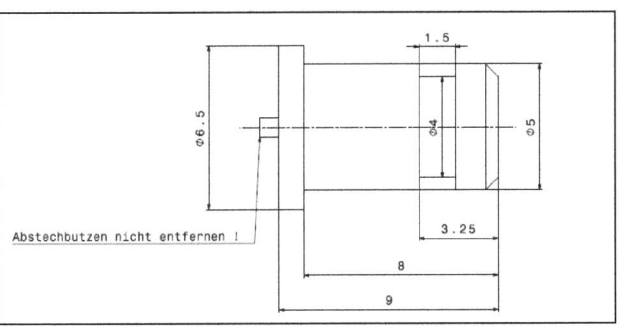

Abbildung 29: Ausschnitt aus der Fertigungszeichnung des Schweißbolzens

5.4 Lampenkappe

Bei der Recherche nach Lampenkappen ergaben sich keine zufriedenstellenden Ergebnisse. Kein Angebot konnte die Anforderungen in Bezug auf Robustheit, Anschlussmaße und Design in einem zufriedenstellenden Umfang erfüllen.

Die konstruierte Lampenkappe (Abbildung 30) wird aus Polycarbonat (PC) gefertigt. PC ist zähhart, unzerbrechlich und sehr lichtdurchlässig. Zur Verschraubung werden vier Gewinde für Drahtgewindeeinsätze eingebracht, des Weiteren befindet sich eine Nut zur Aufnahme einer O-Ringdichtung in der Kappe. Die wellige Kontur im Inneren bricht das Licht der Lampe und erzeugt somit nach außen hin ein gleichmäßigeres Leuchtbild.

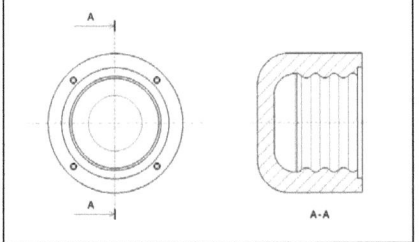

Abbildung 30: Lampenkappe

5.5 Rosette

Die Rosette dient zum Schutz der Abdichtung an der Zugstange an der Gehäuseöffnung. Sie ist aus korrosionsbeständigem Stahl gefertigt und so gestaltet, dass Sie möglichst wenig Angriffsfläche für Hebelwerkzeuge wie z.B. Taschenmesser oder Schraubenzieher bietet. Des Weiteren musste bei der Wahl der Bohrungsdurchmesser die Wandschräge des Gehäuses berücksichtigt werden, denn der Austritt der Zugstange verläuft parallel zur Grundfläche, aber nicht orthogonal zur Austrittsfläche (Abbildung 31).

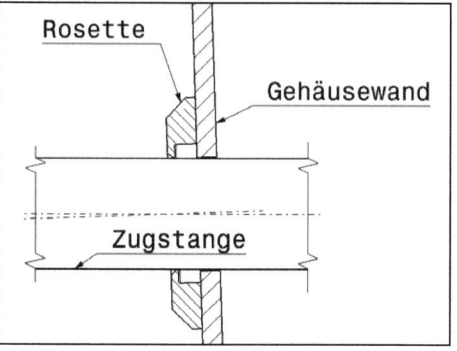

Abbildung 31: Wandschrägenproblematik

5.6 Block

Der Block (in Abbildung 32 grau dargestellt) ist nötig aufgrund der engen Platzverhältnisse im Bereich der Elektrik. Er hebt die Federklemme (siehe 6.1.3) an, um ein Verlegen der elektrischen Leitungen zu ermöglichen. Ein positiver Nebeneffekt der dadurch entsteht ist, dass die Erreichbarkeit der Anschlussklemmen verbessert wird.

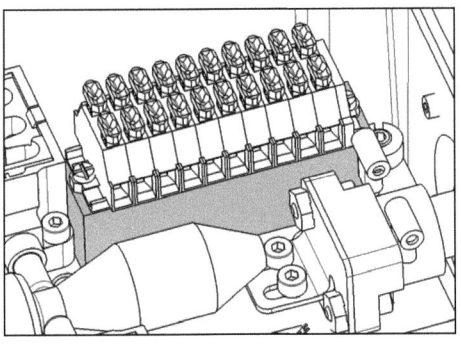

Abbildung 32: Block im eingebauten Zustand

5.7   Schalterplatte

Um den Höhenunterschied zwischen der Zugstange und den Stößelschaltern auszugleichen wird die Schalterplatte benötigt. Sie nimmt beide Schalter auf, was eine Vormontage ermöglicht und eine Einhaltung der korrekten Abstände sicherstellt (Abbildung 33).

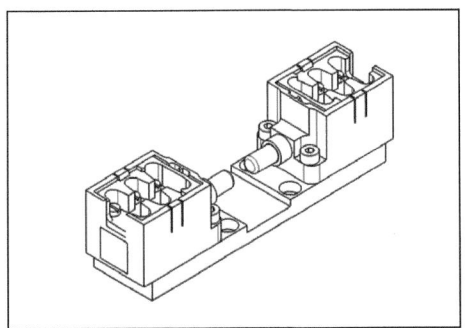

Abbildung 33: Schalterplatte mit vormontierten Stößelschaltern

6 Elektrik

Die Anschaltung des NSS erfolgt vom Stellwerk aus über ein Signalkabel. Nach Vorgabe des Auftraggebers erhalten die beiden Zwangsöffner jeweils eine eigene Ader als Zu- und Rückleitung. Denn dies ermöglicht eine direkte Anschaltung an die UNOM[7]. Für die Speisung der Signalleuchte stehen 60 V Gleichspannug zur Verfügung.

6.1 Eingesetzte Bauteile

Die Anforderungen für die Verschaltung sind vorgegeben, für die Auswahl der elektrischen Bauteile jedoch nicht. Im Folgenden werden die Komponenten mit ihren wesentlichsten Merkmalen vorgestellt und Gründe für ihre Auswahl genannt.

6.1.1 LED Signalleuchte

Zum Einsatz kommt eine 24 V LED Anzeigelampe der Marke Barthelme. Sie besitzt 15 rot leuchtende LED's die in einem 360° Winkel abstrahlen. Der Sockel entspricht der Anschlussnorm Ba 15d.

Die Signallampe zeichnet sich besonders durch ihre lange Lebensdauer von ca. 50.000 h aus. Darüber hinaus ist sie schock- und vibrationsunempfindlich, was einen großen Vorteil gegenüber Lampen mit Glühfaden darstellt.

6.1.2 Lampenfassung

Die ausgewählte Fassung ist bis zu 250 V und einer Leistungsaufnahme von 4 W belastbar. Der Hauptgrund für die Auswahl ist jedoch der Bajonettverschluss, der eine einfache Auswechslung der Signalleuchte ermöglicht. Hersteller ist die Firma Rafi.

---

[7] UNOM: universal input output operating module (Siemens), Schnittstelle zwischen den Außenanlagen und dem Stellwerk

6 Elektrik

6.1.3 Anschlussklemme

Um eine hohe Sicherheit und Komfort beim Anschließen zu erhalten wurden ausschließlich Federklemmen in Betracht gezogen. Die Wahl fiel dabei auf die Federklemme der Baureihe 261-411 der Firma Wago. Besonders die kompakte Bauweise ist hier von Vorteil.

6.1.4 Lötleiste

Die Lötleiste dient als Träger für elektrische Bauteile. In diesem Fall werden die, für die Signallampe, benötigten Vorwiderstände darauf befestigt. Die gewählte Lötleiste enthält bereits Bohrungen zur Befestigung und ist im passenden Größenverhältnis zu den eingesetzten Widerständen.

6.2 Auslegung der Widerstände

Die Betriebsspannung der Signalleuchte beträgt 24V und es liegt eine Versorgungsspannung von 60 V an. Folglich muss ein Widerstand mit in den Stromverlauf integriert werden, der für einen Spannungsabfall auf 24 V sorgt.

6.2.1 Berechnung

Aus den Anforderungen und dem Datenblatt der Signalleuchte sind folgende Daten bekannt:

Versorgungsspannug: U_V=60 V

Betriebsspannung: U_B=24 V

Betriebsstrom: I_B=35 mA

Nach dem Ohmschen Gesetz gilt:

$$R = \frac{U}{I} \qquad (Gl.2)$$

In diesem Fall ist:

$$U = U_V - U_B \quad und \quad I = I_B$$

Eingesetzt in Gleichung 2 ergibt das:

$$R = \frac{U_V - U_B}{I_B} \qquad (Gl.2.1)$$

Durch das Einsetzten der Werte in Gleichung 2.1 erhält man:

$$R = \frac{60\,V - 24\,V}{35 \cdot 10^{-3}A} = 1030\,\Omega$$

Zur Auswahl eines Widerstandes muss noch die elektrische Leistung P bestimmt werden.

$$P = U \cdot I$$

Für U und I gelten dieselben Bedingungen wie bei Gleichung 2.1:

$$P = (U_V - U_B) \cdot I_B$$

Das ergibt eine Leistungsaufnahme von

$$P = (60\,V - 24\,V) \cdot 35 \cdot 10^{-3}A = 1{,}3\,W$$

6.2.2 Auswahl

Bei der Suche nach geeigneten Widerständen stellte sich heraus, dass aufgrund der Belastung von 1,3 W, sich das Problem nur schwer mit einem einzelnen Widerstand lösen lässt. Zur Umsetzung wird die Last auf zwei in Reihe geschaltete Widerstände verteilt.

R_1: Metallschicht-Widerstand 560 Ω Leistungsaufnahme 1 W

R_2: Metallschicht-Widerstand 470 Ω Leistungsaufnahme 1 W

Der Gesamtwiderstand beträgt nun

$$R_{ges} = R_1 + R_2$$
$$R_{ges} = 560\,\Omega + 470\,\Omega = 1030\,\Omega$$

7 Platzierung der Komponenten im Gehäuse

Bereits während der Auswahl und Gestaltung der Bauteile wurde die räumliche Ausdehnung berücksichtigt und die nachstehend dargestellte Lösung ist das endgültige Ergebnis (Abbildung 34). Wie beim Ausgangsmodell werden alle Einzelteile, die sich innerhalb des Gehäuses befinden, auf einer Grundplatte aus Hartgewebe angebracht. Das Material hat sich als alterungsbeständiger und stabiler Werkstoff mit sehr guten Isolationseigenschaften bewährt. Das Verwenden einer Grundplatte hat zusätzlich positive Auswirkungen auf die Montage. Die Fügerichtungen werden vereinheitlicht und sie gibt der gesamten Baugruppe Zusammenhalt.

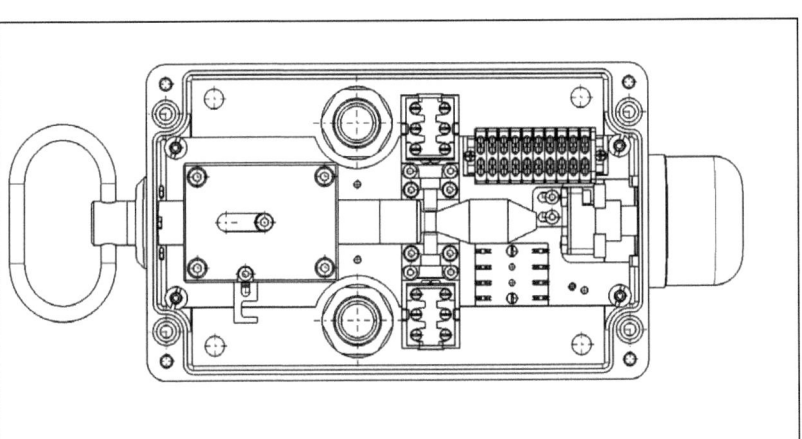

Abbildung 34: Anordnung der Komponenten im NSS

7.1 Schutz gegen elektrischen Schlag

Zu Beginn der Planung sollte der Schutz gegen elektrischen Schlag durch Erdung erfolgen. Dies ist problemlos umsetzbar, da in der Signalleitung eine PE-Leitung mitgeführt wird und entsprechende Stellen zur Befestigung im Gehäuse vorgesehen sind. Damit wären die Bedingungen der Schutzklasse I erfüllt.

Doch im laufenden Prozess entschied sich der Kunde aufgrund von Bedenken bezüglich der Sicherheit, für die Schutzklasse II, da z.b. beim Installieren der NSS das Erden vergessen oder fehlerhaft ausgeführt werden könnte. Des Weiteren könnten abgefallene Drähte Teile unter Spannung setzten, die direkt berührbar sind.

Für die Schutzklasse II nach VDE 0700 wird „die Isolierung zum Schutz gegen direktes Berühren [...] um eine zusätzliche Isolierung ergänzt bzw. so verstärkt, dass ein Isolationsfehler und damit eine gefährliche Berührungsspannung so gut wie ausgeschlossen werden können [...]."[8]

Gekennzeichnet wird die Schutzklasse II durch das in Abbildung 35 dargestellte Symbol.

Abbildung 35: Symbol der Schutzklasse II

7.2 Problemlösung

Alle aktive Elemente (Schalter, Lampe, Lampenfassung, Federklemme) besitzen von vornherein die Schutzklasse II, entweder durch verstärkte oder doppelte Isolierung. Die elektrischen Leitungen sind, mit Ausnahme der zugeführten Signalleitung, lediglich basisisoliert. Um ein größtmöglichen Schutz zu erzielen, wird der elektrische Bereich zusätzlich vollständig isoliert.

Dazu wird eine zusätzliche Umhausung aus schlagfestem Polystorol (SB) Kunststoff eingebracht. Das Material eignet sich besonders durch seine hohe Durchschlagsfestigkeit (155 kV/mm) und durch seine sehr gute thermische Umformbarkeit. Die nachteiligen Eigenschaften der Unbeständigkeit gegen UV-Licht und organischer Lösungsmittel kommen nicht zum Tragen, da in

---

[8] Siehe dazu Lange-Hüsken, (1998), S156

U-Bahnhöfen und im Gehäuse die UV-Belastung extrem gering ist. Ebenfalls ist ein Kontakt mit Benzin, ätherischen Ölen oder vergleichbaren organischen Lösungsmitteln unwahrscheinlich.

Hergestellt wird die Abdeckung durch Vakuumtiefziehen. Die Fertigung durch Thermoumformung erlaubt eine komplizierte Gestaltung der Schutzisolierung. Dies ist aufgrund der räumlichen Bedingungen unausweichlich. Zusätzlich ist die Reproduzierbarkeit gegenüber manuelgeformten und ggf. verklebten oder verschweißten Varianten höher.

Aus zeitlichen Gründen war eine externe, zeitnahe Umsetzung nicht möglich, daher wurde beschlossen eine eigene Vorrichtung zum Vakuumtiefziehen herzustellen

8 Vorbetrachtungen zur Thermoumformung durch Vakuumtiefziehen

8.1 Wahl des Vakuumtiefziehverfahrens

Der Thermoumformungsprozess lässt sich weiter in Positiv- und Negativformung unterteilen, abhängig davon ob die Innen- oder Außenseite des geformten Teils am Formwerkzeug anliegt.

Das Positivverfahren hat dem Negativverfahren gegenüber einige Nachteile:

- „Neigung zur Faltenbildung bei hohen eckigen Formen, besonders bei großem Abstand zum Spannrahmen

- Neigung zu Schreckmarken an den Ecken

- Entformungsschwierigkeiten bei zu geringer Wandschräge

- Ungleiche Wanddicke im Flanschbereich

Die jeweils negativen Auswirkungen können durch verfahrenstechnische Maßnahmen reduziert werden."[9]

---

[9] Siehe dazu Illig, (1997), S.56

Da der Innenraum exakt begrenzt sein muss und weil sich das Positivformwerkzeug in diesem Fall leichter herstellen lässt, ist das Positivverfahren zu bevorzugen.

8.2 Herstellungsprozess

Der SB Zuschnitt wird, eingespannt in einem Spannrahmen, im Ofen auf 180°C [10] erwärmt. Anschließend wird der Rahmen mit dem erweichten Material über das, auf 80°C [11] erhitzte, Formwerkzeug gestülpt. Dabei wird der Kunststoff mechanisch vorgestreckt. Das Formwerkzeug liegt dabei auf einem Gitter, an dem unterhalb mit einer Vakuumpumpe die Luft abgesaugt wird. Der dadurch wirkende Umgebungsdruck formt das Material an das Modell an. Die Abbildung 36 zeigt eine schematische Darstellung des Aufbaus.

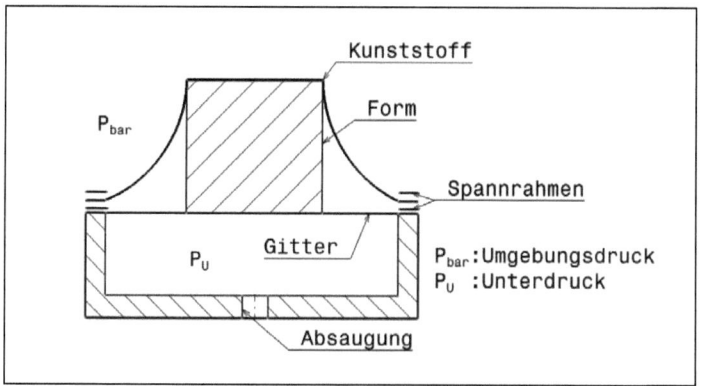

Abbildung 36: Versuchsaufbau zum Vakuumtiefziehen [12]

---

[10] Siehe dazu Illig, (1997), S.32
[11] Siehe dazu Illig, (1997), S.32
[12] In Anlehnung an Illig, (1997), S.57 Bild 3.6

8.3   Abdeckhaube

8.3.1   Gestaltung

Die Schutzisolierung hat die Aufgabe den elektrischen Bereich vom mechanischen Bereich zu trennen (Abbildung 37), so dass im Fehlerfall keine Teile unter Spannung stehen, die direkt berührt werden könnten. Dass gilt besonders für alle Komponenten, die bei der Betätigung des NSS eine Rolle spielen (Aluminiumgehäuse, Griff, Vierkantverriegelung). Der Keil an der Zugstange ist aus Kunststoff gefertigt und bildet somit die Basisisolierung. Die Abdeckhaube bildet die zusätzliche Isolierung.

Eine besondere Schwierigkeit stellt der in Abbildung 38 gezeigten Bereich dar, denn sämtliche elektrisch leitende Teile, die mit dem Aluminiumgehäuse in Kontakt sind, müssen ausgegrenzt werden. Eine Verschiebung der betreffenden Bauteile zur Raumgewinnung ist nicht möglich. Einer der Gründe dafür ist, dass eine Änderung der Lage des Führungskörpers in Richtung der Unterseite eine Demontage der Rosette erschweren würde, da die Sechskantschrauben blockiert würden.

Eine andere Möglichkeit ist den Keil der Zugstange zu verkürzen, um somit die Schalter weiter nach unten verschieben zu können, dann wären aber die Kabeleinführungen nicht mehr zugänglich.

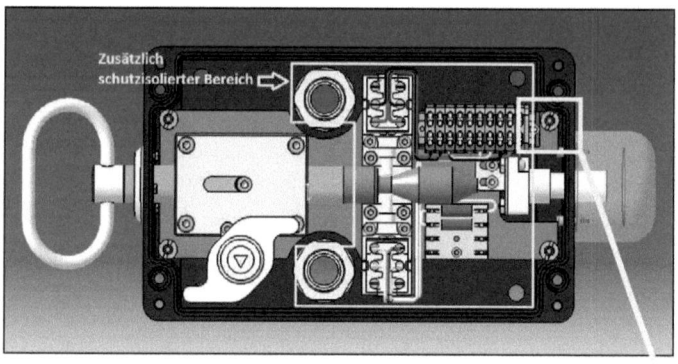

Abbildung 37: Elektronischer Bereich

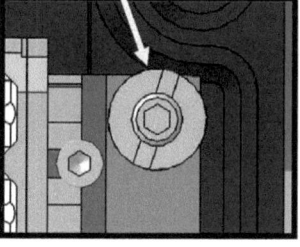

Abbildung 38: Engstelle

8.3.2 Befestigung

Idealerweise sollte die Haube rastend auf einer, unterseitig an der HGW-Platte befestigten, Kunststoffplatte angebracht werden (Abbildung 39). Diese Art der Befestigung hat den Vorteil, dass sie ohne zusätzliche Befestigungsmittel wie z.B. Schrauben, Spannbügel oder Spannfedern auskommt, die bei Montagearbeiten verloren gehen könnten.

8 Vorbetrachtungen zur Thermoumformung durch Vakuumtiefziehen

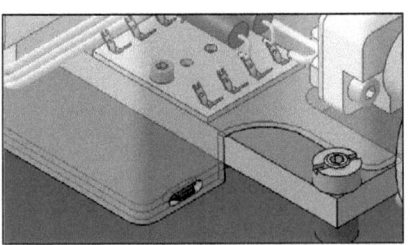

Abbildung 39: Rastverbindung

Jedoch ist die Wandstärke zu ungleichmäßig bzw. an den entsprechenden Stellen ggf. zu dünn um ausreichend Stabilität zu gewährleisten. Ein weiteres Gegenargument ist, dass bei einem Ab- oder Ausbrechen eines Befestigungselementes ein Austausch der Schutzisolierung erforderlich ist. Da diese kein Normteil ist kann dies in der Zukunft Probleme bei der Wiederbeschaffung verursachen. Auf Basis dieser Überlegungen und aufgrund der räumlichen Beschränkung wurde eine Lösung entworfen, die auf der HGW-Platte verschraubt ist. (Abbildung 40).

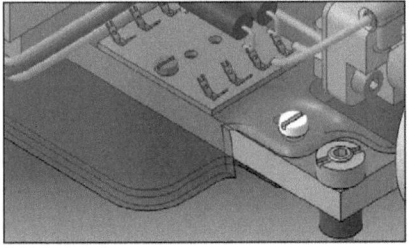

Abbildung 40: Verschraubung der Isolierkappe

8 Vorbetrachtungen zur Thermoumformung durch Vakuumtiefziehen

Dabei stellt sich folgendes Problem, denn die Norm VDE 0100-412:1996-02 besagt:

„Doppelte Isolierung zielt darauf ab, gefährliche Berührungsspannungen zu verhindern. Deshalb müssen alle berührbaren metallenen Teile durch eine entsprechende Isolierung von aktiven Teilen getrennt sein. Dies gilt auch für Befestigungsschrauben[…]"[13]

Diese Aussage bezieht sich auf Befestigungsschrauben innerhalb der zusätzlichen Isolierung, wobei „innerhalb" in diesem Zusammenhang nicht eindeutig definiert ist. Im Fall der Abdeckhaube befinden sich die Schrauben innerhalb der Isolierung, aber außerhalb des zu isolierenden Bereiches.

Des Weiteren gilt:

„Befestigungsschrauben innerhalb der zusätzlichen Isolierung:

- unzulässig bei metallischen Schrauben

- zulässig bei Schrauben aus isolierendem Werkstoff, wenn keine Gefahr besteht, dass beim Ersetzen dieser Schrauben durch Metallschrauben die durch die Umhüllung geschaffene Isolierung beeinträchtigt wird."[14]

Letzteres trifft in jedem Fall zu und ermöglicht somit die Umsetzung der verschraubten Schutzisolierun

9   Durchführung des Vakuumtiefziehens

Nach den abgeschlossenen Vorbetrachtungen werden nun die Ergebnisse der praktischen Durchführung dargestellt. Denn nach der Klärung der allgemeinen theoretischen Bedingungen zur Erfüllung der Bestimmungen der Schutzklasse II, müssen in der Praxis reproduzierbare Teile entstehen, die diesen Anforderungen standhalten. In zwei Versuchen konnte dabei schon ein zufriedenstellendes Ergebnis erzielt werden.

---

[13] Siehe dazu Lange-Hüsken, (1998)S.158
[14] Siehe dazu Lange-Hüsken, (1998)S.158

9.1 Erster Versuch

Bei der Gestaltung der ersten Variante ging es hauptsächlich um das Erschließen des gesamten zu isolierenden Bereich. Die daraus resultierende Form (Abbildung 41) wurde durch Anbringen von Aushebeschrägen und Radien dem Vakuumtiefziehen angepasst. Die durch die Durchführung erworbenen Kenntnisse dienen der gezielten Optimierung hinsichtlich des Thermoumformprozesses.

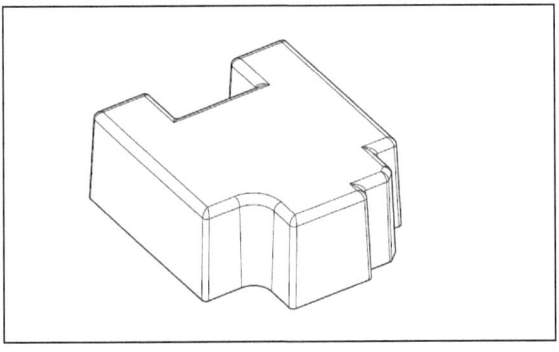

Abbildung 41: Design der Schutzisolierung des ersten Versuches

9.1.1 Berechnung der Rohteilabmaße

Der Abstand zum Spannrand wurde groß gewählt, um die Verformung des Kunststoffes so wenig wie möglich zu behindern

L: Länge des Halbzeuges

B: Breite des Halbzeuges

s_1: Dicke des Halbzeuges

s_2: Wanddicke des fertigen Teils

F_1: Fläche des Halbzeuges ohne Spannrand

F_2: Oberfläche des Thermoformteils

A_M: Mantelfläche

Die angestrebte durchschnittliche Wandstärke s_2 beträgt 2 mm. Die Mantelfläche hat eine Oberfläche (A_M) von 41.000 mm^2 (im CAD-Modell gemessen).

Der Zuschnitt wird quadratisch ausgeführt, da die Form der Grundfläche, grob betrachtet, ebenfalls einem Quadrat entspricht. Somit sind L und B gleich groß.

$$L = B = 300 \text{ mm}$$

$$F_1 = B^2 = 90.000 \text{ } mm2$$

$$F_2 = F_1 + A_M = 131.000 \text{ } mm2$$

$$s_1 = \frac{F_2}{F_1} \cdot s_2{}^{15} \qquad (Gl. 1)$$

$$s_1 = \frac{131000 \text{ } mm^2}{90000 mm^2} \cdot 2 \text{ } mm$$

Die Materialstärke des Halbzeuges beträgt somit:

$$s_1 = 2,9 = 3 \text{ } mm$$

9.1.2 Auswertung

Das Resultat des ersten Tiefziehversuches ist als gut zu bewerten. Es sind insgesamt keine schwerwiegenden Fehler wie Abriss, Aufriss oder Schreckmarken aufgetreten. Lediglich an zwei Kanten haben sich Falten gebildet (Abbildung 42), was auf die scharfen Ecken der Form und den großen Abstand zum Spannrand zurückzuführen ist. Außerdem ist in einem Bereich die Wandstärke nur wenige zehntel Millimeter dick (Abbildung 42). Die Ursachen dafür sind in erster Linie ebenfalls die scharfen Kanten. Die Verwendung eines Niederhalters oder die Verlangsamung des Tiefziehvorgangs sind Möglichkeiten zur Behebung der Verarbeitungsfehler. (die Ursachen wurden mit Hilfe der Tabelle „Fehlersuche bei der Vakuumformung"[16] ermittelt)

---

[15] Siehe dazu Illig, (1997), S.65
[16] Siehe dazu Illig, (1997), S.194, Tabelle 9.3

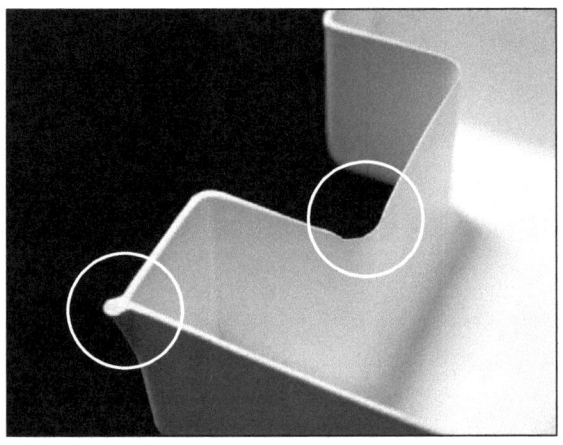

Abbildung 42: Faltenbildung und Bereich der dünnsten Wandstärke

9.2 Zweiter Versuch

Verfahrenstechnische Änderungen im Ablauf des Formungsprozesses sind, bedingt durch den einfachen Aufbau der Anlage, kaum möglich. Daher wurde für den zweiten Versuch die Form des Werkzeuges verändert und für das Tiefziehen weiter optimiert. Dafür wurden in Bereichen in denen es möglich war, die Höhe verringert und die Winkel der Auszugsschrägen und Radien vergrößert (Abbildung 43).

Zudem ist sie etwas höher als die Form des ersten Versuches, da die Radienbildung am Grund beim Abkühlen etwas stärker ausfiel als erwartet.

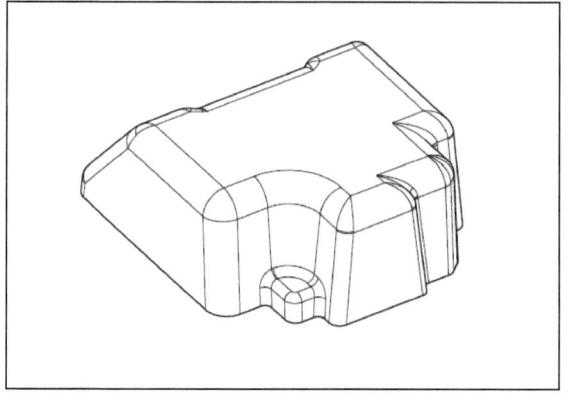

Abbildung 43: Design der Schutzisolierung des zweiten Versuches

9.2.1 Berechnung der Rohteilabmaße

Die Mantelfläche (A_M) hat sich auf 38.000 mm^2 verringert. Die Einspannbedingungen bleiben gleich. Nach dem Einsetzten der Werte in Gleichung 1 ergibt sich für die Ausgangsmaterialstärke:

$$s_1 = 2,8 = 3mm$$

9.2.2 Auswertung des zweiten Versuches

Die Veränderungen in der Gestaltung haben eine deutliche Verbesserung herbeigeführt. Es treten keinerlei Verarbeitungsfehler mehr auf, die Wanddicke ist im Vergleich zum ersten Versuch deutlich gleichmäßiger (Abbildung 44). Die Anpassung der Gesamthöhe erlaubt nun auch ein einfaches Abtrennen des überschüssigen Materials.

Eine weitere Änderung ist nicht nötig, die Schutzisolierung wird in dieser Weise ausgeführt.

Abbildung 44: Sichtbare Verbesserung in der Gleichmäßigkeit der Wandstärke

10   Zusammenfassung und Fazit

In diesem Buch wurde, ausgehend von einer existierenden Lösung, eine neue Konstruktion entwickelt. In der Neukonstruktion wurden nicht nur die Mängel in der Funktionalität, sowie der fertigungs-und   montagegerechten   Gestaltung   beseitigt,   sondern   auch   zusätzliche Kundenanforderungen erfüllt.

Die in der Analyse der Ausgangsvariante festgestellten negativen Merkmale bildeten den Leitfaden für die Gestaltung und Auswahl der neuen Komponenten. Insgesamt betrachtet kommt der neue NSS mit weniger und einfacher herzustellenden Bauteilen aus. Zudem ist er gegenüber dem Ausgangsmodell   besser   gegen   Vandalismus   geschützt,   ohne   Einschränkungen   in   der Funktionalität aufzuweisen. Durch die Verwendung moderner Komponenten, wie z.B. der LED-Signallampe, befindet sich der NSS nun auch auf dem Stand der Technik und die Austauschbarkeit der Norm- bzw. Kaufteile ist dadurch auf längere Sicht gewährleistet.

Die   zwischenzeitlichen   Änderungen   in   der   Anforderungsliste   erschwerten   den Konstruktionsprozess. So z.B. hat die geforderte Ergänzung der zwei Kabeleinführungen die räumliche Anordnung der Einzelteile massiv beeinflusst. Dies wiederrum verursachte, aufgrund der entstandenen engen Platzverhältnisse, Probleme bei der späteren Forderung nach der Schutzklasse II. Zwischenzeitlich wurde über eine neue Auswahl des Gehäuses diskutiert, dem Bauteil, auf dem alles Weitere aufbaut. Eine Neuauswahl des Gehäuses hätte zu diesem Zeitpunkt einen Neuanfang bedeutet.

Die ersten Reaktionen des Kunden auf das erste Muster (Abbildung 45), waren sehr positiv, was auf eine Erfüllung der Anforderungen, trotz aller Widrigkeiten, schließen lässt. Besonders die einfache Gestaltung und Robustheit wurde hervorgehoben. Die endgültigen Abnahmeprüfungen stehen jedoch noch aus. Demnach kann es noch zu nicht absehbaren Änderungen kommen.

Abbildung 45: Neukonstruierter Notsignalschalter

Literaturverzeichnis

[1] Fischer, U., Heinzler, M., Näher, F., Paetzold, H., Gomeringer, R., Kilgus, R., et al. (2008). *Tabellenbuch Metall.* Haan-Gruiten: Europa-Lehrmittel.

[2] HBS-Hülsen und Bolzenschweißen. (kein Datum). *hbs-info.de.* Abgerufen am 15. 04 2013 von http://www.hbs-info.de/basiswissen/merkmalevorteile.html

[3] Illig, A. (1997). *Thermoformen in der Praxis.* München, Wien: Carl Hanser.

[4] Kabus, K. (2009). *Mechanik und Festigkeitslehre.* München: Carl Hanser Verlag.

[5] Lange-Hüsken, H. K. (1998). *Schutzmaßnahmen gegen elektrischen Schlag.* Berlin, Offenbach: VDE-Verlag GmbH.

[6] Siemroth, P.-I. (2012). Montagegerechtes Gestalten., (S. 23). Technische Hochschule Wildau.